빛깔있는 책들 102-10

한국의 옛 조경

글/정재훈 ● 사진/정재훈, 김대벽, 안장헌

대원사

정재훈 ──────────

단국대학교 상과와 한양대학교 환경과학대학원 조경학과를 졸업하고 문화재관리국장, 문화체육부 생활문화국장을 역임했다. 현재 문화재위원, 문화재보호재단 발굴조사사업단장으로 있으며 한양대학교 환경대학원, 동국대학교 문화예술대학원에 출강하고 있다. 공저로 「아름다운 정원」과 「북한의 문화 유산」이 있고 논문으로 '창덕궁 후원에 대하여' '신라 궁원지인 안압지에 대하여' 등이 있다.

김대벽 ──────────

한국신학대학을 졸업했으며, 한국사진작가협회 운영 자문위원, 민학회 회원으로 활동하고 있다. 주요 사진집으로 「문화재대관(무형문화재편, 민속자료편)」 상, 하권 외에 다수의 책이 있다.

안장헌 ──────────

고려대학교 농업경제학과를 졸업했으며, 신구전문대 강사, 사진예술가협회 부회장으로 있다. 사진집으로 「석불」 「국립공원」 「석굴암」 등이 있다.

한국의 옛 조경

한국의 옛 조경

머리말

　우리 민족에게 자연은 만물을 생성하고 구제하는 절대자이며 가장 순수한 이상(理想)이었다. 그러기에 자연 공간 속에 인공의 구조물을 조영한다는 것은 조심스러운 일이었다.

　한국의 조원(造苑)은 인공적 조영물을 속된 것으로 생각하여, 모든 것을 자연에 잘 동화시키고자 하는 생각에 따라 조영된 것이다. 조형물은 자연과의 조화로 구성되어야 했으므로 건물을 세울 때 터를 잡는 일이 제일 중요했다. 그러기에 자연의 순리가 조원의 기본 질서로 존중되어 조영의 원리가 되었다.

　물은 흐르고, 고이고, 넘치는 것이 순리이므로 연못을 만들고 폭포를 만들었다. 따라서 인공으로 물을 쏘아 올리는 분수는 절대자인 하늘에 거역한다는 생각으로 만들지 않았다.

　꽃이나 나무는 생성하는 생물이므로 관상수 따위를 심어 인공의 수형을 만드는 전지(剪枝) 작업을 피하였다. 송(松), 죽(竹), 매(梅), 난(蘭), 국(菊), 연(蓮)은 선비들이 좋아하였고 느티나무, 회화나무, 벽오동나무, 단풍나무, 참나무, 복숭아나무, 주목, 배롱나무, 동백나무, 버드나무 등으로 원림(苑林)을 조성하고 감, 대추, 모과,

자경전 굴뚝 경복궁 자경전 후원에 있는 십장생 굴뚝이다. 꽃담으로 만든 이 굴뚝처럼 한국의 원(苑)은 담 하나에도 환경과 어울리게 하는 배려가 있다.

앵두, 살구, 밤, 배, 산수유, 호두, 포도 등은 민가에서 많이 심었다. 또 직간(直幹)으로 자라는 나무보다 사간(斜幹)으로 자라는 나무를 좋아하였고, 인공 열식의 배식보다 자연스러운 배식을 했다.

지형을 존중하여 자연을 허물지 않았고 토질을 변질시키는 일을 하지 않았다. 습지면 습지에 잘 사는 나무를 심고 연못을 파거나 계간(溪澗)을 조성했다.

정자나 누각을 배치할 때도 자연의 조화를 먼저 생각하여 연못이나 강가, 산자락에 세워 원(苑)을 완상하는 장소로 삼았다. 담장은 구획을 정하는 구조물이 되어 자연의 산림이라 할지라도 담 하나 둘러치면 원내(苑內)가 되었다. 담에도 화담, 전담, 자연석담, 판축토담, 바자울 등 환경과 어울리게 만들었다.

11쪽 사진

석분 창덕궁 연경당 앞에 놓인 석분이다. 석분 위에는 괴석 하나
　　를 올려 놓았다.(위)
바자울 담장은 구획을 정하는 구조물이 되어 자연의 산림이라 할
　　지라도 담 하나 둘러치면 원내(苑內)가 되었다. 환경과 어울리게
　　만든 바자울이다.(오른쪽)

경주 계림 국가가 보호하는 신성한 신림 가운데 하나인 경주 계림은 상림원(上林苑)
과 같은 기능도 있다.

사직단과 종묘

　계림에 있었으리라 추정되는 이러한 성격의 제단은 고려, 조선에
까지 계속되어 내려왔다. 서울의 사직단(社稷壇)은 1395년(태조
4)에 세워진 것으로, 정궁(正宮)을 중심으로 좌묘우사(左廟右社)
제도에 따라 왼쪽에 종묘(宗廟)를 두고 오른쪽에 사직단을 두었다.
　사직단에는 두 개의 제단이 있는데 동쪽 것은 토신(土神)을 제사 　　16쪽 사진
하는 사단(社壇)이며, 서쪽은 곡신(穀神)을 제사하는 직단(稷壇)
이다. 여기서 한발이 심할 때는 기우제(祈雨祭)도 지냈다. 제단은
정사각형인데 한 변이 25자이며, 각 변은 지대석, 면석, 갑석을 설치
하여 건물의 기단처럼 조성했다. 제단의 높이는 2.5자이다. 「문헌비

사직단 서울의 사직단은 1395년
(태조 4)에 세워진 것으로 정궁
(正宮)을 중심으로 오른쪽에 위치하
고 있다. 토신을 제사하는 사단과
곡신을 제사하는 직단이 있으며
기우제도 지냈다.

고」에 의하면 고구려나 신라에서도 사직단을 세운 적이 있었다.
이 제단 주위는 담장을 설치하여 신성시했고 그 외곽에는 담을 설치
하여 수림을 조성했던 것이다. 제단이 있는 담 안에는 수목을 심지
않고 잔디만으로 조성했으며 이 담 외곽에는 느티나무, 참나무, 향나
무 등을 심었다.

17쪽 사진　　조선 왕조의 역대 제왕의 신위(神位)를 모신 종묘는 1395년에
창건되었다. 풍수설에 따르면 신궁(神宮)은 음택(陰宅)이므로 혈장
(穴場)이 꽉 짜여서 앞이 좁아야 명당이므로 그러한 지형을 조성하
고 있다. 곧 종묘 입구 산줄기가 조금 벌어져서 1398년(태조 7)과
1409년(태종 9)에 가산(假山)을 증축하여 지형을 인공으로 보충한
것이다.

이런 관점에서 종묘는 북쪽 주산(主山)을 등지고 내백호(內白虎)
와 내룡(內龍)의 산세는 정전(正殿)과 영녕전(永寧殿)을 아늑히
감싸고 있다. 그리고 음과 양이 서로 배합되어야 생기가 있고 길하
다는 득수법(得水法)에 따라 움직이지 않는 산은 음이며, 움직이는
물은 양이므로 양을 두기 위해 1443년(세종 25) 묘역 안에 연못을

팠다. 신궁에는 제사에 필요한 정한 샘물이 있어야 하므로 정전과 영녕전에 부속된 샘이 있고, 두 전각 앞으로 흐르는 명당수(明堂水)가 있어 남으로 빠져 나간다.

정전과 영녕전에 이르는 신도(神道)는 판석(板石)을 깔아 만들 18쪽 사진
었다. 신궁이므로 정자나 누각이나 화목(花木)을 배치하지 않고 화계(花階)도 조성하지 않았다. 원림은 느티나무, 참나무, 소나무, 서나무, 단풍나무, 버드나무 등으로 울창하게 가꾸었다. 또한 종묘는 곧 신궁이므로 연못 속의 섬에 제향에 쓰이는 향나무를 배식하고 있다.

종묘 정전 종묘는 좌묘우사(左廟右社) 제도에 따라 정궁의 왼쪽에 있다. 판석이 깔린 신도(神道)가 있는 전전의 모습이다.

종묘 영녕전 종묘는 신궁이므로 정자나 누각이나 화목을 배치하지 않고 화계도 조성하지 않았다. 영녕전에는 목조(穆祖)를 비롯한 여러 임금의 신주가 모셔져 있다.

通)」에 대군(大君)의 집은 60칸, 왕자나 군(君), 공주의 집은 50
칸, 옹주와 종친, 2품 이상은 40칸, 3품 이하는 30칸, 일반 서민은
10칸 이상을 짓지 못하게 하고, 건물의 기단이나 계단돌은 다듬은
돌을 쓰지 못하게 하였다. 그리고 집에는 공포(花栱)를 올리지 못하
게 하였다. 이러한 규제는 우리나라의 민가가 자연에 잘 동화하게
만드는 역할도 하였다.

　18세기에 이중환(李重煥)이 쓴 「택리지(擇里志)」 '복거총론(卜居
總論)'에는 주택의 입지론이 씌어 있는데 "첫째 지리(地理), 둘째
생리(生利), 셋째 인심(人心), 넷째 산수(山水)"라고 하였다.

　지리의 조건은 수구(水口)가 너무 넓지 않으며, 사람의 왕래가
잦은 관문이 있고, 안으로 평야가 전개된 곳으로 햇빛을 많이 받을

남간정사　자연에 동화된 형태인 조선시대 건축의 일면을 잘 보여 주는 대전 남간정사
의 연못과 건물이다.

수 있는 넓은 들이 있는 곳이 길(吉)한 곳이라고 했다. 산세는 해가 지고 뜨는 시간이 길어야 하며, 주위에는 낮은 산들이 수려하게 둘러서 있고, 흙은 모래땅으로 굳고 촘촘하면서 맑고 찬 샘이 있는 곳이어야 한다. 점토층이거나 누런 황토거나 자갈밭이면 인재가 나지 않는다고 했다. 생리(生利)는 인적, 물적 자원이 집중되어 교환이 용이한 장소를 꼽았다. 인심(人心)은 자신과 자녀의 교육을 위하여 지방의 풍습이 순후한 곳을 말하고, 산수(山水)는 정신을 즐겁게 하고 감정을 화창하게 하는 곳을 말하였다.

우리나라 마을들은 이러한 조건들을 이상으로 해서 배치되었다. 좋은 마을의 형태는 마을 앞에 작은 동산이 있고, 맑은 개울(靑龍)이 흐르며, 산을 등지고 앞으로 들이 전개된 그런 지형이었다.

27쪽 사진
산을 뒤로 등지고 등성이 따라 마을 길이 나뭇가지처럼 뻗어 있는 경주군 양동 마을이나, 낙동강의 물이 활처럼 굽이돌고 주위에 병풍
26쪽 사진
처럼 경승의 산줄기 둘러선 안동 하회 마을이나, 행정의 중심지로서 읍성 안에 구성된 승주 낙안 마을, 제주 성읍 마을은 옛 모습을 비교적 보존하고 있는 전통 마을이다.

홍만선(洪萬選)이 쓴 「산림경제(山林經濟)」 제1권 복거의 '문로(門路)조'를 보면 민가 조원의 관습 같은 것을 알 수 있다. "당면하여 곧바로 오는 길을 충파(衝破)라고 하는데 반드시 빙 돌아서 굽어져야 한다. 만약 집안의 물이 왼쪽으로 거슬러 흐르면 오른쪽으로 들어오게 길을 내고, 집안의 물이 오른쪽으로 거슬러 흐르면 왼쪽으로 들어오게 길을 내야 하는데, 곧바로 상충되는 것을 절대로 꺼린다"라고 했다. 이는 마음의 여유와 안정을 주는 시각(視覺)의 준비 공간을 주기 위한 것이다.

「산림경제」 복거의 '방앗간(安碓)조'에 보면 "무릇 주택에서 왼쪽에 흐르는 개울과 오른쪽에 긴 길과 집 앞에 연못과 집 뒤에 언덕이

있는 것이 가장 좋고, 여의치 못할 때는 동쪽에 복숭아나무와 버드나무를, 남쪽에 매화나무와 대추나무를, 서쪽에 치자나무와 느릅나무를, 북쪽에 살구나무와 벗나무를 심으면 청룡, 백호, 주작, 현무를 대신할 수 있다"라고 하였다. 그리고 "집 서쪽 언덕에 대나무 숲이 푸르면 재물이 불어난다" "문 앞에 대추나무 두 그루가 있고 당(堂) 앞에 석류나무가 있으면 길하다" "집 마당 가운데 나무를 심으면 한달에 천금의 재물이 흩어진다. 집 마당 가운데 있는 나무를 한곤(閑困)이라고 하는데 마당 가운데 나무를 오래 심어 놓으면 재앙이 생긴다"라고 하였다.

이런 기록들은 한국의 민가 조성에 기준이 되고 관습이 되었다.

민가 조경의 예

우리나라 민가는 마을 전체를 구성하는 한 부분으로 집과 집이 서로 조화를 이루고 있다. 그 예로 안동 하회 마을, 경주 양동 마을 등을 들 수 있다.

안동 하회 마을을 보면 낙동강 줄기가 이 마을을 감싸고 돌면서 26쪽 사진 S형으로 돌아 흐르고, 강 북쪽 기슭에는 병풍처럼 둘러선 절벽인 부용대(芙蓉臺)가 있고, 강가의 모래사장을 따라 푸른 송림(松林)이 약 300미터 길이로 우거져 있다. 지형은 연화부수형(蓮花浮水形)이라 하여 연못을 파면 땅이 물에 가라앉는다고 연못을 파지 않았다. 부락제를 지내던 상당(上堂;서낭당)에는 늙은 소나무들이 서 있고, 하당(下堂;국사당)에는 거대한 굴참나무들이 서 있다. 그리고 마을 중심의 삼신당(三神堂) 터에는 수령 500여 년의 거대한 느티나무가 서 있다. 마을은 동서남북의 중심 보도가 있고 이를 따라 집들이 배치되어 있다. 이 마을의 별칭은 이화촌(梨花村)인데

하회 마을 우리나라 인가는 마을 전체를 구성하는 한 부분으로 집과 집이 서로 조화를 이루고 있다. 하회 마을은 동서남북의 중심 보도가 있고 이를 따라 집들이 배치되어 있다.(위)
양동 마을 산자락에 나뭇가지처럼 형성된 사대부 마을인 양동 마을 앞에는 정자나무가 있어 마을 사람들 대화의 터전이 된다.(오른쪽)

집 후원마다 오래 된 배나무들이 있어 봄이면 온 마을이 배꽃으로 덮였다. 지금도 늙은 배나무 23그루가 이 마을에 남아 있다. 마을 전체가 감나무와 모과나무, 산수유 등으로 조원의 전체 구성을 이루고 있다. 담도 서로 조화를 이루는 판축 토담으로 되어 아늑한 골목길의 인간적 환경을 조성하였다.

읍성 마을인 승주 낙안 마을이나 제주 성읍 마을도 동헌(東軒)이 있는 치소(治所)를 중심으로 동서남북으로 보도가 있고 성 안에 전체의 조화를 위한 낱개의 초가들이 배치되어 있다.

27쪽 사진 경주 양동 마을은 산자락에 나뭇가지처럼 형성된 사대부 마을인데, 이곳에는 사당 앞에 향나무가 한두 그루씩 서 있다. 또 마을

26 민가의 조경

앞에는 정자나무가 있어 마을 사람들이 모여 의사를 교환하는 대화
의 터전을 마련하기도 한다.

　우리나라 민가는 공간 구성에서 마당의 배분이 대단히 중요하
다. 사대부 집은 대문간에 행랑채가 있고, 그 안으로 남자 주인의
생활 공간인 사랑채가 있으며, 그 안으로 여자의 생활 공간인 안채
가 있다. 사랑채에서 떨어진 공간에 별당이 있으며, 후원에 조상을
모신 사당이 있다. 사당은 유교를 숭상하는 조선시대에 들어와서
민가에 형성된 것이다.

　이들 모든 별채의 건물마다 마당이 있다. 대문 밖의 마당은 타작
마당도 되고 농산물을 말리는 장소도 되기 때문에 가장 크다. 그리

고 사랑 마당은 손님을 영접하기도 하고, 가마나 말을 타는 장소이기도 한데, 경우에 따라 혼례식 같은 것도 하기 때문에 안채 마당보다 넓다. 안채 마당은 폐쇄된 여인들의 공간으로 가장 작은 마당을 형성한다. 길쌈도 하고, 맷돌이나 석구도 있으며, 고추 같은 것을 말리기도 하는 공간이다.

안채 뒤쪽의 가장 깊은 곳은 후원으로 집 주인의 허락 없이는 들어갈 수 없는 곳이다. 이곳에서는 경우에 따라 목욕도 하며, 삼신할머니의 제단도 있고 장고방 같은 것이 설치되기도 한다. 남쪽 지방의 후원은 대개 대나무 숲이 연결되어 있고, 북쪽 지방에서는 원림이 조성되어 있다. 민가의 조원 공간은 사랑채 마당가에 괴석이나 수조(水槽)와 화목 등이 배치되고 후원에 과일 나무들이나 대나무 숲 등으로 원림이 가꿔진다. 별당채나 정자가 있는 집은 별당이나 정자가 있는 공간에 연못, 괴석, 화계(花階), 화목 등이 꾸며진다.

사당은 집에서 좀 외진 공간에 배치되는데 사당 담 후원이나 주위를 원림으로 조성한다. 안채, 사랑채, 별당의 공간 사이는 담을 설치하여 기능을 확연히 구분하였다. 행랑채 앞마당에는 채전이나 미나리꽝, 과수원 등이 설치되기도 하고, 어떤 경우 큰 연못을 만들고 연못가에 원림을 조성하고 정자를 건립한 경우도 많이 있다. 그러나 안채의 마당은 화목이나 기물을 설치하여 조원하지 않았다.

29쪽 사진 대체로 사대부의 사랑채나 별당 연정(蓮亭) 공간에는 매화, 대나무, 소나무, 난, 국화 등의 화목을 많이 심었다. 그리고 일반 농민의 가옥에는 감, 대추, 밤, 석류, 살구, 앵두, 배, 모과 등 과일 나무를 많이 심었다. 조상의 제사에 쓸 제과(祭果)를 준비하는 배려 있는 조영이었다. 특히 민가에서는 딸을 낳으면 마당가 울타리에 참가죽나무나 오동나무를 심어 그 나무가 자라 농이나 함을 짤 수 있었을 때 딸을 시집 보냈다. 출가한 딸은 그 농짝을 보면서 친정 부모의 정성을 평생 생각하며 살았다고 한다.

석파정 소나무 사대부의 사랑채나 별당 연정 공간에는 매화, 대나무, 소
나무, 난, 국화 등의 화목을 많이 심었다. 대원군 별서인 석파정 사랑 마
당에 있는 소나무이다.

맹씨행단 충남 아산에 있는 이 집의 경역은 2,300여 평인데 잡석담을 둘렀다. 후원은 넓은 원림으로 되어 있고, 집 앞에는 은행나무 두 그루가 서 있다.

우리 민가의 조원에는 마을 전체의 공동 의식인 조화(造化)가 있었고, 조상을 숭모하는 어진 정신이 있었으며, 자식을 사랑하는 어버이의 자애가 있었다. 그리고 절제와 자연에 순응하는 순리가 있었으며, 그 속에 품격 높은 연정과 화목이 가꾸어지는 선비 정신이 있었다. 담도 집에 조화되도록 화담, 판축담, 판자울, 바자울 등이 사람을 위압하지 않게 설치되어 있어 폐쇄된 공간이 아니라 밝게 열려진 공간으로 구성되어 사람의 심성을 기르는 터전의 역할을 하였다.

아산(牙山) 맹씨행단(孟氏杏壇)

충남 아산군 배방면 중리에 있는 아산군 맹씨행단은 고려 말에서 조선 초에 걸치는 우리나라에서 가장 오래 된 민가 가운데 하나이다. 이 집은 맹사성(孟思誠)이 살던 집인데 맹사성은 최영 장군의 사위이다. 일설에는 최영 장군이 살던 집인데 사위에게 물려주었다고 한다.

  이 집은 ㄷ자의 평면인 아주 간결한 집이다. 집 앞에는 행랑채
자리가 있고 대문으로 들어가는 석계단이 있다. 집 경역은 2,300
여 평인데 잡석담을 둘렀다. 후원은 넓은 원림(苑林)으로 되어 있
고, 집 앞에는 은행나무가 두 그루 나란히 서 있다. 이 집을 '행단'이라
고 한 것은 유학자가 공부하던 집이란 뜻에서 연유된 것이다.

강릉 오죽헌(烏竹軒)

  강릉시 죽헌동에 있는 조선 초기의 집으로 우리나라에서 가장
오래 된 민가 가운데 하나이다. 옆에 사랑채가 있고 이에 딸린 별당
건물인 오죽헌은 1536년 율곡이 태어난 곳으로 유명하다. 정면
3칸, 측면 2칸의 팔작집이다. 사랑채 후원에는 화계(花階)가 조성되
어 석류나무, 배롱나무, 철쭉, 오죽(烏竹) 등이 심어져 있고 별당인
오죽헌 후원에는 소나무와 오죽, 감나무로 원림을 이루고 있다. 오죽
헌 담 앞에는 다시 배롱나무가 심어져 있다. 경역에는 근년에 율곡
사당이 새로 건립되었다.

강릉 해운정(海雲亭)

강릉시 운정동에 있는 민가의 별당 건물이다. 1530년 심언광(沈彦光)이 강원도 관찰사로 있을 때 지은 집이다. 앞에는 경포호와 한송정의 솔숲을 바라보고 멀리 동해의 해원을 조망할 수 있는 자리에 터를 잡았다. 집은 3칸인데 서쪽 한 칸은 방이고 동쪽 2칸은 마루이다. 후원은 산록인데 소나무 숲과 느티나무 등 수림이 울창하다. 이 집 앞에는 작은 연지(蓮池)가 있다.

33쪽 사진

강릉 선교장(船橋莊)

강릉시 운정동 341번지에 있는 조선 후기의 사대부 집이다. 이 집은 후면에 언덕을 등지고 있고, 집 앞이 넓게 트인 지형에 터를 잡았다. 행랑채를 들어서면 오른쪽으로 안채를 중심으로 동별당과 서별당이 ㄱ자형과 ㅂ자형으로 배치되었고, 왼쪽으로는 사랑채인 열화당(悅話堂)이 있다. 이 열화당 후원 경사면에 화계(花階)가 꾸며져 배롱나무가 심어져 있고, 뒷동산에는 송림과 감나무 등이 원림을 이루었다. 옛날에는 이 원림에 육각의 정자가 있었다고 한다.

해운정　강릉시 운정동에 있는 민가의 별당 건물이다. 후원은 수림이 울창한 산록이고 집 앞에는 작은 연지(蓮池)가 있다. 대청에서 뒷문을 열면 후원의 작은 수풀이 보인다.

선교장 강릉시 운정동에 있는 조선 후기의 사대부 집이다. 후면에 언덕을 등지고 있고
집 앞이 넓게 트인 지형에 자리잡았다. 사랑채 후원 경사면에 화계가 꾸며져 있고
뒷동산에 송림과 감나무 등이 원림을 이루었다.

행랑채 앞에는 채소밭과 미나리꽝이 있고 조금 떨어져 방형의 연못이 조성되어 있다. 이 연못가에는 활래정(活來亭)이란 2칸짜리 정자가 호안과 못 속에 걸쳐져 건립되어 있다. 연못 속에는 연꽃이 가득히 심어져 있고, 연못 속의 방형(方形) 섬에는 수형 좋은 싱싱한 소나무 한 그루가 서 있다. 못가에는 배롱나무들이 심어졌다.

선교장은 1815년에, 연못가의 정자인 활래정은 1816년에 건립되었다.

충남 윤증 고택(尹拯古宅)

충남 논산군 노성면 교촌리에 있는 19세기에 건립된 사대부 집이다. 언덕을 등지고 남향하여 대문 앞에 사랑채가 있고 안채는 ㄷ형 집이다. 사랑채 앞에 단을 지은 축대와 우물과 연못이 있다. 연못 안의 섬에는 배롱나무가 서 있고, 호안에는 느티나무가 운치 있게 서 있다. 안채 후원에는 계단식으로 하여 장고방을 설치하고, 울창한 죽림을 조성하였다. 죽림 뒤에는 송림이 연결되어 있다.

윤증 고택 사랑채 앞에 있는 연못의 섬 안에
　 는 배롱나무가 서 있다.

달성 조길방(趙吉芳) 초가

36, 37쪽 사진

경북 달성군 가창면 정대1동에 있는 18세기 건물이다. 4칸짜리 안채와 3칸짜리 사랑채, 3칸짜리 아래채의 3동이 ㄷ형으로 배치되어 있다. 안채 부엌 앞에 장고방이 설치되었고, 안마당 앞에 벌통들이 놓여 있다. 후원은 담으로 구역이 지어져 있는데 수림이 조성되었다. 이 집으로 들어가는 입구에 당산목인 500여 년 된 느티나무가 서 있다. 아래채 한 칸이 방앗간으로 되어 있는 이 초가는 산간 민가의 특징을 잘 보존하고 있다.

경주 탑동 김헌용(金憲容) 고가옥

39쪽 사진

경주시 탑동 633번지의 경주 남산 서쪽 기슭에 있다. 이 집은 임진왜란 때 의병장 김호(金虎) 장군의 고택이라고 전하는 유서 깊은 집이다. 거의 정방형의 담 안에 기와집 안채와 초가집 아래채, 사당이 배치된 단출한 민가다. 집 주위에는 과일 나무를 심었고 마당 가운데에 샘이 있다. 이 샘은 통일신라 때의 원형 샘돌을 그대로 사용하였다.

성읍 한봉일(韓奉一) 초가

38쪽 사진

제주도 남제주군 표선면 성읍리에 있다. 이 집은 특이하게 문간채가 있고, 안으로 들어가면 안거리(안채)와 밖거리(아래채)가 마당을 사이에 두고 마주 보고 있다.

주위는 모두 제주도 특유의 돌담으로 둘렀는데, 문간채 앞에 두 그루의 팽나무가 문처럼 서 있고, 안거리 후원은 동백 등 활엽 상록수와 죽림으로 수림을 이루었는데 장고방이 있다. 담벼락에 봉선화 등 화초를 심어 돌담과 잘 어울린다. 제주도 전통 가옥의 원형을 잘 보존하고 있다.

조길방 초가 경북 달성군에 있는 18세기 건물이다. 후원은 담으로 구역이 지어져 있는데 수림이 조성되었다. 집으로 들어가는 입구에 오래 된 느티나무가 있는 이 초가는 산간 민가의 특징을 잘 보존하고 있다.

한봉일 초가 제주도 성읍 마을에 있는 이 초가는 문간채 앞에 두
그루의 팽나무가 서 있고 안거리 후원은 활엽 상록수와 죽림으
로 수림을 이루었다.(위)

김헌용 고가옥 경주시 탑동에 있는 임진왜란 때 의병장 김호 장군
고택이라고 전하는 유서 깊은 집이다. 집 주위에는 과일 나무를
심었고 마당 가운데에 통일신라 때의 원형 샘돌이 있다.(오른쪽)

양동 이원용(李沅鏞) 가옥

경북 월성군 강동면 양동리 216번지에 있다. 거의 정방형 공간에 안채, 사랑채, 행랑채가 ㅁ자를 이루고 있는 중부 지방 민가의 일반적인 형태를 갖추고 있다. 창건 연대는 1730년으로 전한다. 이 집은 산을 등지고, 후원에는 죽림이 조성되었으며, 사랑채 앞 기단을 2단으로 하여 화계(花階)를 만들고, 꽃나무를 심었다. 사랑채 북단에는 가묘(家廟)가 있는데 이 북단의 석축을 3단으로 하여 또 화계를 만들어 화목을 심었다. 사랑 후원에 느티나무 숲이 울창하다. 이렇게 사랑 앞에 화계를 만든 점은 여느 민가와는 다른 특이한 구조이다.

양동 심수정(心水亭)

경북 월성군 강동면 양동리 98번지에 있다. 심수정은 ㄱ자형 평면을 이루고 있으며 이 정자에 오르면 양동 마을 어귀를 다 내려다보게 되어 있다. 정자는 누형(樓形)으로 나지막한 담으로 둘러 있는데, 앞 언덕에 수백 년 된 느티나무와 회화나무가 수림을 이루었고, 정자 후원도 늙은 고목의 원림이 조화롭다. 이 집은 1560년에 창건되었으나 1917년에 중건한 것이다.

청도 운강 고택(雲岡故宅)

경북 청도군 금천면 신지동 269번지에 있다. 이 집은 안채, 행랑채, 광채, 곳간채, 큰사랑채, 작은사랑채, 행랑채 등 9동의 건물이 1,770평의 공간에 ㅁ형으로 배치되어 있다. 이 집의 창건은 1726년이며 여러 차례 중수하였다. 후원에는 칠성바위라는 자연석 바위 7개가 운치 있게 놓여 있고 감나무 등 과목이 심어져 있다. 작은사랑채에 김충현(金忠顯) 씨가 쓴 '백유원(百榴園)'이란 편액이 걸려 있는데 그것은 후원에 '백유원'이란 이름의 백색 석류 화원이 있었기 때문에 만들어진 것이다.

이원용 가옥 월성군 강동면 양동리에 있는 이 집은 산을 등지고, 후원에는 죽림이
조성되었으며 사랑채 앞 기단을 2단으로 하여 화계를 만들고 꽃나무를 심었다. 거의
정방형 공간에 안채, 사랑채, 행랑채가 ㅁ자를 이루고 있는 중부 지방 민가의 일반적
인 형태를 갖추고 있다. 창건 연대는 1730년으로 전한다.

운강 고택　경북 청도에 있는 이 집은 1726년에 창건된 뒤 여러 차례 중수되었다. 후원에 칠성바위라는 자연석 7개가 놓여 있고 과목이 심어져 있다.(위)
심수정　경북 월성군 강동면 양동리에 있다. 정자는 누(樓)형으로 나지막한 담으로 둘러 있는데 앞 언덕에 수백 년 된 느티나무와 회화나무가 수림을 이루었고 정자 후원도 늙은 고목의 원림이 조화롭다.(오른쪽)

묘동 박엽(朴熀) 가옥(일명 하엽정)

경북 달성군 하빈면 묘동 800번지에 있다. 이 집은 안채, 사랑채, 곳간채가 따로 있고, 별도의 구간에 별당채가 있다. 이 별당채가 하엽정(荷葉亭)인데 하엽정 앞에 방형의 연지(蓮池)가 있다. 하엽정은 ㄱ자형 4칸 집인데 한 칸을 내루(內樓)처럼 누마루로 꾸몄다. 후원에는 죽림이 울창하고, 앞에는 둥근 섬이 있는 연못 속에 연꽃을 가득 심었다.

연못은 길이 21미터, 너비 15미터 규모인데 섬에 있는 배롱나무는 원래 있었던 것이다. 연못 둑에는 매화나무, 배나무, 참나무 등 꽃나무가 심어져 있다. 이 하엽정 서쪽 담 밖은 산록인데 송림이 울창하다. 이 집의 건립은 1769년으로 전한다.

영천 연정(蓮亭)

경북 영천군 임고면 선원동 131번지에 있다. 정용준 씨 가옥으로 ㅁ자형 살림집이 있고, 여기서 북쪽으로 떨어진 개울가에 정면 3칸, 측면 3칸의 ㄱ자형 집이 연정이다. 이 집은 별당 건물로 연정 앞으로 개울이 돌아 흐르는데 계류의 맞은편은 절벽이며, 커다란 소나무가 울창한 수림을 이루었다. 계류는 거의 인공을 가하지 않고 자연스러운 연못이 되게 하였다.

연정의 후원도 수림으로 조성되어서 자연에 최소한의 인공을 가하여 조성한 조원 의도를 잘 보여 준다. 1750년에 세운 집이다.

파장동 이병원(李秉元) 초가

경기도 수원시 파장동 383번지에 있다. 안채, 사랑채가 ㅁ자형을 이루고 있는 이 집은 뒤에 나지막한 산을 등지고 집 앞에 개울이 흐르며, 주위에는 감나무가 가득히 심어져 있다. 감나무들이 서 있는 이 집 후원은 아주 넓은데, 우물이 있으며 장고방이 설치되었다.

박엽 가옥 경북 달성에 있는 이 집은 별도의 구간에 별당채가 있다. 이 별당채가 하엽정인데 앞에 방형의 연못이 있다. 연못에는 연꽃을 가득 심었고 안에 둥근 섬이 있으며, 후원에는 죽림이 울창하다.

이병원 초가 경기도 수원시 파장동에 있는 이 집은 나지막한 산을 등지고, 집 앞에 개울이 흐르며 주위에 감나무가 가득 심어져 있다.

우리나라 초가 조원의 담담한 풍치를 느끼게 한다. 1888년에 건립된 집이다.

47쪽 사진　　　**영암 최성호(崔成鎬) 초가**

　　전남 영암군 덕진면 영보리 294번지에 있다. 안채, 행랑채, 사랑채, 헛간채가 ㅁ자형으로 배치되어 있는 19세기의 초가이다. 집 주위는 죽림이 울창하고 사랑 마당으로 들어오는 길은 이웃집 바자울이 운치가 있다. 헛간채 옆에는 늙은 반송이 있어서 한적한 농가의 정감어린 풍치를 자아낸다.

최성호 가옥 전남 영암군 덕진면에 있는 농가이다. 집 주위는 죽림이 울창하고 경역 안에 안채, 행랑채, 사랑채, 헛간채가 ㅁ자형으로 배치되어 있다. 헛간채 옆에는 늙은 반송이 있어서 한적한 농가의 정감어린 풍치를 자아낸다.

외암리 이도선(李道善) 댁

충남 아산군 송악면 외암리에 있다. 이 집의 원림은 계류를 중심으로 느티나무, 장송, 단풍나무 등으로 원림을 조성하였는데 근세에 조성된 것이다.

순창 낙덕정(樂德亭)

전북 순창군 복흥면 상송리에 있다. 자연의 절승인 단애의 절벽 위에 팔각 정자를 지었다. 이 정자는 중심에 방을 두고 8면을 마루로 처리한 특이한 구조이다. 주위가 송림이어서 자연의 아름다운 경승지에 정자 한 채를 건립하여 자연 자체를 원림으로 끌어들인 대표적인 예다.

담양 명옥헌(鳴玉軒)

전남 담양군 고서면 산덕리에 있다. 전체 원림 공간이 2,800여 평 정도인데 오희도(吳希道;1583~1623년)의 제자들이 선생을 추모하여 세운 것이다. 명옥헌 앞에 있는 연지는 동서 20미터, 남북 40미터 정도의 방지(方池)인데, 못가에는 늙은 배롱나무가 숲을 이루고 있다. 명옥헌 주위에는 일곱 그루의 장송(長松)이 서 있고 북쪽 산기슭에는 작은 연못이 있고 늙은 배롱나무들이 서 있다. 명옥헌은 가운데에 방이 있고 외곽이 마루로 된 정자이다.

49쪽 사진

화순 임대정(臨對亭)

전남 화순군 남면 사평리에 있다. 임대정은 정면 3칸, 측면 2칸의 팔작집인데 중앙 한 칸이 방이고 3면이 마루이다. 봉정산(鳳頂山)의 산줄기가 흘러내려 사평천가에서 우뚝한 언덕을 조성하였는데 이 언덕 위에 임대정이 건립되어 있다.

정자 옆에는 작은 연못이 있고, 연못 속에는 섬을 만들어 놓았

임대정 임대정은 전남 화순에 있는 정자이다. 이 정자 아래에는 2개의 연못이 있고 연못 속에는 섬을 만들어 놓았다.

다. 그 섬에 "세심(洗心)"이라 새긴 괴석을 배치하고 대나무를 심었다. 연못가에도 괴석을 배치하였는데 못가 남쪽에 "기임석(跂臨石)", 동쪽에 "피향지(披香池)", 서쪽에 "파청당(把清塘)"이라고 음각한 돌이 있다. 임대정이 선 주위에는 소나무, 대나무, 매화나무, 살구나무, 석류나무, 측백, 배롱나무, 은행나무 등으로 울창한 원림이 조성되어 있다. 임대정이 있는 언덕 밑에는 2개의 장방형 연못이 있는데, 논두렁 같은 보도를 두고 위아래로 단이 지게 만들었다. 물은 지하에 묻은 나무 홈통을 통해 위 연못에서 아래 연못으로 넣고 있다. 수입(水入) 시설은 언덕 위에서 긴 나무 홈통을 받쳐 두 길쯤되는 높이에서 물이 떨어지게 한 것이 특이하다. 위 연못에는 섬이 1개 있고, 아래 연못에는 2개의 섬이 있다. 섬에는 모두 배롱나무가 심어져 있고 괴석이 배치되었다.

경주 서출지(書出池) 이요당(二樂堂)

경주시 남산동 통일전 남쪽에 있다. 이요당은 ㄱ자형 집으로 정면 3칸, 측면 2칸인데, 연못과 호안에 걸쳐서 건립되었다. 이요당 앞에 있는 연못은 「삼국유사」에 기록된 '사금갑(射琴匣)'의 설화에 나오는 서출지(書出池)이다. 서출지 연못가에는 수백 년 된 배롱나무들과 소나무가 서 있다. 이요당은 1664년에 임적(任勣)이 세운 원정(苑亭)이다.

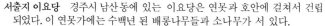

서출지 이요당 경주시 남산동에 있는 이요당은 연못과 호안에 걸쳐서 건립되었다. 이 연못가에는 수백년 된 배롱나무들과 소나무가 서 있다.

초간정 경북 예천에 있는 초간정은 정면 3칸, 측면 2칸의 팔작집이다. 암반의 계간가에 노송과 참나무 등이 울창한 경승지에 터를 잡아 정자를 세웠다. 맑은 계류와 계간을 형성한 암곡이 인공 정자와 어울려 선경을 조성하고 있다.

예천 초간정(草澗亭)

경북 예천군 용문면 죽림동에 있다. 초간정은 정면 3칸, 측면 2칸의 팔작집이다. 암반의 계간가에 노송과 참나무 등이 울창한 경승지에 터를 잡아 정자를 세웠다. 맑은 계류의 물소리와 깊고 푸른소(沼)와 계간을 형성한 아름다운 암곡(岩谷)이 인공의 정자 한채와 어울려 선경(仙景)을 조성하고 있다. 초간정은 권문해(權文海;1534~1591년)가 1582년에 창건하였는데, 그 뒤 소실되어 1870년에 중건하였다.

용호지(龍湖池)의 용호정(龍湖亭)

경남 진양군 명석면 용산리에 있다. 이 원지(苑池)는 20세기 초에 조성한 것으로 박우희(朴雨喜) 댁 행랑채 앞에 조성된 원지이다. 연못 넓이는 600여 평으로 못 가운데에다 팔각정을 세웠다. 물 속에는 돌기둥을 세우고 그 위에 목조 정자를 건립하였는데 이것이 용호정이다. 연못가에는 무산 12봉(巫山十二峰)의 가산을 만들고 아름다운 화목을 심었다. 무산 12봉은 높이 5미터 정도의 고분 같은 형태이다. 정자에는 배를 타고 드나들었던 자못 기발한 의도를 엿보게 하는 원지이다.

53쪽 사진

하회 옥연정사(玉淵精舍)

경북 안동 하회 마을 북쪽 강 건너 부용대 동쪽에 있다. 유성룡(柳成龍)이 1586년에 창건하여 「징비록(懲毖錄)」을 집필한 집이다. 행랑채, 안채, 별당채, 사랑채로 구성되어 있는데 집과 집 사이에 방형(方形) 화단이 있고, 사랑채 후원에 길쭉한 화단이 있으며, 집 주위에는 회화나무, 느티나무가 울창하다. 낙동강 깊은 심연이 내려다보여 '옥연(玉淵)정사'라고 이름했다고 한다.

54쪽 사진

영양 서석지(瑞石池)

경북 영양군 입석면 연당동에 있다. 이 서석지는 정영방(鄭榮邦)이 1613년에 조성한 것으로 배산(背山)인 자양산 남쪽 기슭 완만한 터에 연못을 중심으로 경정(敬亭) 주일재(主一齋) 수직사가 담 안에 에워싸인 작은 지원(池園)이다.

연못 주위 호안 축대는 막돌로 쌓았으며 동북쪽 못가에서 연못 안으로 내쌓은 네모난 석단에는 송(松), 죽(竹), 매(梅), 국(菊)을 심어 '사우단(四友壇)'이라고 했다. 이 사우단은 주일재의 앞마당이 되는데 주일재는 3칸 맞배집으로 1칸 마루, 2칸 방인데 마루에 운루

옥연정사 경북 안동 하회 마을에 있는 유성룡이 「징비록」을 저술한 집이다.

헌(雲樓軒)이란 편액이 걸려 있다. 못 서쪽에 경정이 배치되었는데 4칸 대청에 양쪽 측칸이 방이다. 연못 동쪽 모서리를 따라 물을 넣은 도랑(挹淸渠)이 설치되었고, 서남쪽 모서리에 물을 빼는 도랑(吐濊渠)이 설치되었다.

　이 연못을 서석지(瑞石池)라 한 것은 못바닥 암반에 요철을 이룬 돌들을 상서러운 돌이라 한 데서 연유되었다고 한다. 이 서석의 무리(瑞石群)는 수면에 기이한 현상으로 드러나거나 물 속에 잠겨 있어 희귀한 수석경(水石景)을 이루고 있다. 돌 색깔이 흰 편이어서 맑은 물 속에서도 선명하고 오묘한 경관을 조성한다. 서석들의 이름은 19종 있는데 서석군이 많은 동쪽 못가를 영귀제(咏歸堤)라 부른다. 경정 앞에 있는 돌은 옥성대(玉成臺), 그 북쪽 세 돌은 상경석(尙絅石), 그 동쪽 돌을 낙성석(落星石), 사우단(四友壇) 앞에 있는 것을 조천촉(調天燭)이라 한다.

서석지 경북 영양군에 있는 이 서석지는 1613년에 조성되었다. 연못 주위 호안 축대
는 막돌로 쌓았으며 동북쪽 못가에서 연못 안으로 내쌓은 석단에는 송, 죽, 매, 국을
심어 '사우단'이라고 했다. 이 연못을 '서석지'라 한 것은 못바닥 암반에 요철을 이룬
돌들을 상서로운 돌이라 한 데서 연유되었다고 한다.

동쪽 물 속에 집중되어 있는 서석 이름은 수륜석(垂綸石), 어상석(魚狀石), 관란석(觀瀾石), 화예석(花蘂石), 상운석(祥雲石), 봉운석(封雲石), 난가암(爛可岩), 통진교(通眞橋), 분수석(分水石), 와룡암(臥龍岩), 탁영석(濯纓石), 기평석(基坪石), 선유석(仙遊石), 쇄설강(灑雪矼), 희접암(戱蝶岩) 등이다. 수륜석이란 낚싯줄을 드리우는 돌, 어상석은 물고기 모양의 돌, 봉운석은 구름 봉우리 같은 돌, 선유석은 춤추고 노는 돌, 쇄설강은 눈같이 깨끗한 돌, 탁영석은 세속을 초월한 돌이란 뜻으로 서석의 이름들은 모두 돌에 의미를 부여한 것이다. 서석지 주위 산천의 경치 또한 뛰어나게 아름답다.

남원 몽심재(夢心齋)

전북 남원군 수지면 호곡리에 있는 19세기의 민가다. 경사진 지면에 단을 지어 건물이 배치되어 있다. 대문을 들어서면 널따란 사랑마당이 있고, 이 사랑 마당 동쪽에 연지(蓮池)가 있다. 여기에 있는 사랑채(4칸 방, 1칸 마루)가 몽심재(夢心齋)이다. 안채는 ㄷ형 집인데 길이 6칸 건물로 중앙 2칸이 마루이다. 후원에는 장고방이 설치되었고, 과목이 조성되었으며 집 주위에 돌담이 둘러져 있다. 56쪽 사진

삼척 신리 너와집

강원도 삼척군 도계읍 신리에 있다. 강원도 산간 마을에서 볼 수 있는 너와집은 지붕을 나무 판자나 수성암 판석 조각으로 이은 집을 말한다. 57쪽 사진

이 집은 남향으로 하여 앞마당이 넓다. 안채는 중앙칸이 마루이고, 양쪽에 안방, 사랑방, 고방, 뒷방이 배치되고, 앞에는 봉당이 있다. 봉당 좌우에 부엌과 외양간이 배치되어 있고 앞마당 동쪽에 방앗간과 헛간이 있다. 마당 남쪽은 돌각담을 쌓았는데 집 앞에서 보면 돌각담과 너와 지붕과 자연석 축단이 조화로운 자연적 통일감

몽심재　전북 남원에 있는 19세기 민가의 사랑채이다. 사랑 마당에 연지
가 있다.

을 준다. 방앗간 옆에는 대추나무가 서 있고 마당 서쪽은 경사면이
되어 산에 박힌 자연 암석을 중심으로 잡석으로 토사가 나지 않게
단을 지형 따라 굴곡지게 조성하였다. 부엌 앞에는 벌통이 여러
개 놓여 있다. 후원은 바자울을 했던 것인데 과목이 심어져 있다.
대추나무, 뽕나무, 자두나무, 배나무, 감나무 등이 있다. 집 서쪽
언덕에도 대추나무 다섯 그루가 서 있다.

　이 집은 너와 지붕과 바자울, 돌각담 그리고 감나무, 대추나무
등 과목과 벌통이 심산의 산경(山景)과 어울려 자연과 잘 동화되어
있어 마치 한 폭의 산수화를 보는 듯하다. 우리는 이런 민가의 경관
에서 인성의 순수함을 얻게 된다.

너와집　강원도 삼척에 있는 이 집은 남향으로 앞마당이 넓다. 너와 지붕과 바자울, 돌각담 그리고 감나무, 대추나무 등 과목과 벌통이 깊은 산의 경치와 잘 어울려 마치 한 폭의 산수화를 보는 듯하다. 우리는 이런 민가의 경관에서 인성의 순수함을 얻게 된다.

보성 열화정(悅話亭)

전남 보성군 득량면 오봉리에 있는 20세기 초엽의 별당 건물로 마을 뒤 깊숙히 자리잡아 한적하다. 일각문을 들어서면 마당 동쪽에 연지(蓮池)가 있고 목련, 석류, 죽림이 아름답다. 열화당은 ㄱ자형 집인데 가로 2칸은 방이고, 세로 2칸은 내루(內樓)형의 마루이다. 후원에도 울창한 죽림과 유자 숲이 있어 가을에는 유자 향기가 가득하다.

금릉(金陵) 동부동 허 씨(許氏) 가옥

이 집은 경북 금릉군 개령면 동부동에 있다. 조성 연대는 19세기로 보인다. 1,800여 평의 경역에 민가를 건립하여 조원했던 집인데, 지금은 별당 건물만 옛 구조를 유지하고 있다. 별당 앞에는 노송(老松)과 영산홍 등이 심어져 있고, 노송 밑에 사람이 앉을 수 있는 석탑(石榻) 3개가 놓여 있고, 별당 옆에 괴석을 석조 수반에 앉혀서 선산(仙山)을 상징하였다.

열화정 전남 보성에 있는 20세기 초엽의 별당 건물이다. 열화정은 ㄱ자형 집으로 후원에도 울창한 죽림과 유자 숲이 있다.

별당 서쪽 송림 속에 판석을 깐 소로가 있고 안채 경사면의 후원
에는 산의 지형을 살린 조원이 있다. 별당 후원에는 석천(石泉)과
작은 연못이 있었으며 초정도 있었다고 한다. 참나무, 단풍나무,
배롱나무, 잣나무, 소나무, 전나무 등의 수림과 원림이 아름답다.
이 원에 석등을 설치한 것이나 회양목을 배식한 것 등은 일제 때
변형된 것으로 보인다.

무기연당도 경남 함안군에 있는 무기연당 전경을 그린 것이다. 산, 계류 등과 어울려
자연 속에 지은 건축과 조경이 돋보이는 곳으로 이 그림에서는 이들이 어떻게 배치되
었는가를 잘 보여 주고 있다.

옥호정도(玉壺亭圖) 옥호정은 순조의 장인인 김조순의 집이다. 이 그림은 1815년부터 1831년 사이에 그려진 것으로 추정된다.

60 민가의 조경

함안 무기연당(舞沂蓮塘)

59쪽 사진

경남 함안군 칠원면 무기리에 있는 1728년에 조성된 지원(池園)이다. 일각문을 들어서면 장방형의 연못이 있고, 연못 속에는 봉래산을 상징한 섬이 있으며, 이 섬에 석가산을 만들었다. 연못 북쪽에 하환정(何換亭)이 있고 하환정 동쪽에 풍욕루(風浴樓)가 있다. 연못 남쪽에는 근년에 조성된 충효사가 있다. 연못의 호안은 2단으로 쌓았으며, 호안과 섬에는 입석(立石)을 설치하고 못가 담 안에는 노송이 운치 있게 서 있다.

서울 옥호정도(玉壺亭圖)

60쪽 사진

서울 삼청동 133번지에 있던 순조 왕비의 아버지 김조순(金祖淳)의 집 그림이 '옥호정도'이다. 이 그림(고 이병도 소장)은 상류 민가 조원을 잘 보여 준다.

북악의 아름다운 산록의 석벽과 송림을 등지고 집 앞으로 맑은 계류가 흐르는 공간에 터잡고 있다. 다리를 건너 집에 들어서면 초가의 행랑채가 있고 그 안으로 넓은 사랑 마당이 있으며, 사랑채는 안채와 연결되어 ㅁ자형 본채를 이루고 있다. 안마당은 매우 좁으며 인위적으로 조원한 것은 없다. 안채 뒷마당은 별원(別苑)을 구성하여 두 채의 초정과 화계가 담 안에 조성되었다.

사랑 마당 앞에는 작은 연못, 약포(藥圃) 괴석, 반송, 벌통 들이 배치되고 그 밑에 포도밭과 과원이 있다. 사랑 마당 위쪽 산기슭에는 기와를 이은 정자와 초정이 있고 정자 앞에는 화목과 석상, 석천(石泉), 송림이 있다. 이렇게 경사진 언덕은 단을 지어 화계(花階)를 조성하였다. 이러한 구분된 조원 공간은 모두 담으로 경계를 막아 아늑하고 한적하게 만들었다.

궁궐의 조경

　궁은 제왕이 국가를 다스리는 곳으로 수도(首都)의 도시 계획까지를 규정짓게 하는 중심이 되었다.

　삼국시대 초기의 왕궁터는 발굴 조사에 의한 확실한 궁원(宮苑)터가 밝혀진 것이 없어 언급하기가 어렵다. 그러나 신라의 월성이나 백제의 풍납동 토성이나 몽촌토성 등에서 알 수 있는 것은 성 외곽에 물을 넣어 적을 방어하는 해자(垓子)가 있었다는 것이다.

　궁궐은 외조(外朝), 치조(治朝), 연조(燕朝), 상원(上苑)의 네 공간으로 구분할 수가 있다. 외조는 신하들이 평시에 정무를 보고 궁을 지키는 수직 업무를 하는 공간이다. 그러기에 외조는 왕이 정치를 하는 치조 공간의 앞이나 옆에 있게 된다. 치조는 왕이 의식을 하거나 정치를 하는 공간으로서 경복궁의 경우에는 정전(正殿)인 근정전(勤政殿)이나 편전(便殿)인 사정전(思政殿) 공간이 된다. 연조는 왕이나 왕비 등 왕족이 생활하는 침전(寢殿) 공간을 말한다. 상원은 왕이나 왕족이 휴식하고 유회하는 후원 공간을 말한다. 우리나라에 이러한 궁제(宮制)가 조영된 것은 5세기 이후이다.

삼국시대의 궁원

백제의 궁원

우리나라 궁원의 조성 기록은 백제가 앞선다. 백제 진사왕(辰斯王)은 391년에 궁원에 못을 파고 가산(假山)을 만들어 기이한 새와 화초를 길렀다고 「삼국사기」에 기록되어 있다. 몽촌토성의 조사에서 못자리는 세 곳이 확인되었으나 아직 발굴되지 못하였다. 풍납동 토성도 발굴 조사가 이루어져야 확인될 것이다. 백제 동성왕(東城王)은 500년에 웅진의 왕궁 안에 못을 파고 임류각(臨流閣)을 건립하였다. 그러나 이 연못 자리도 확실히 규명되지 못하고 있다.

부여에 있는 궁남지(宮南池)는 634년에 무왕(武王)이 조성한 것인데 「삼국사기」에서 "20리 밖에서 물을 끌어들이고 못 주위에 버드나무를 심고 못 가운데 삼신산의 하나인 방장선산(方丈仙山)을 모방한 섬을 만들었다"라고 하였다. 현재 부여 부소산은 백제 왕궁의 후원 같은 기능을 하였던 것이다. 부소산 남쪽 기슭에서

부여 궁남지 전경

백제 왕궁터가 발굴되었는데 작은 연지가 노출되었다. 백제의 조원 기술은 해외에까지 널리 알려져 「일본서기(日本書記)」 '추고천황 (推古天皇) 20년(612)조'에 "백제인 노자공(路子工)이 궁 남쪽에 수미산(須彌山)과 오교(吳橋)를 설치하였다"라고 기록되어 있다. 이는 일본 비조시대(飛鳥時代) 조원의 창시자가 노자공임을 말하여 주는 것이다.

고구려 안학궁(安鶴宮) 터

고구려의 궁원은 평양 대성산 밑에 있는 안학궁 터가 발굴 조사되어 알 수 있게 되었다. 이 궁성은 한 변이 620미터쯤 되는 방형의 궁인데 동, 서, 북에 성문이 하나씩 있고 남쪽 성문은 3개가 있다. 성의 동, 서에는 물을 담은 해자가 설치되었다. 성 안에는 52 개의 건물터가 발굴되었는데 신하가 정무를 보는 외조, 왕이 정치 를 하는 치조, 왕이나 왕비가 생활하는 연조(침전), 왕의 어머니를

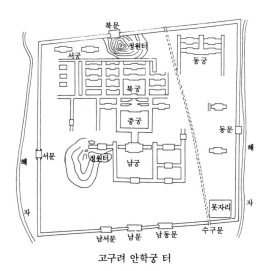

고구려 안학궁 터

안압지 신라의 동궁 원지인 안압지는 674년에 조성되었다. 임해전은 동궁의 주건물이고 서쪽 호안에 세 동의 정자가 건립되어 있다.

모시는 자전(慈殿), 태자(太子)가 거처하는 동궁(東宮)이 있고, 후원과 원림(苑林)터 등이 밝혀졌다. 이 안학궁의 조성 연대는 6세기로 보인다. 후원은 북문 안 침전 뒤에 있고, 원림터는 서문 안에 있으며, 연못자리는 남동쪽 구석에 있다. 이를 통하여 외조의 공간과 후원 공간 그리고 동궁 앞에 궁원이 조성되었던 것으로 확인된다.

신라의 동궁 원지(苑池)

신라의 궁원은 문무왕(文武王)이 674년에 조성한 동궁의 원지인 안압지(雁鴨池)를 발굴 조사하여 밝혀졌다.

66 궁궐의 조경

안압지 전경 안압지는 바라보는 기능으로 만들어진 궁원으로 지척에 있는 무산 12봉이 아득하게 보이도록 협곡을 만들었고, 삼신도와 무산 12봉 등 선경을 축경식으로 축소시켜 피안의 세계처럼 만든 상징주의 궁원이다.

67쪽 사진 원지는 동서 길이 약 190미터, 남북 길이 약 190미터의 정방형 평면 속에 15,658평방 미터의 못을 조성하였다. 못가의 호안은 다듬은 돌로 쌓았는데 동쪽과 북쪽 호안은 절묘한 굴곡의 곡선으로 이루어졌으며 서쪽과 남쪽 호안은 건물을 배치하고 직선을 이용하여 조성되었다. 서쪽 호안은 몇 번 직각으로 꺾기도 하고 못 속에 돌출시키기도 하였다. 못 속에는 삼신도(三神島)인 방장도, 봉래도, 영주도가 배치되었다. 남쪽 섬은 1,090평방 미터, 중앙 섬은 66평방 미터, 북쪽 섬은 495평방 미터이다. 못 호안 주변과 섬에는 괴석을 가득히 배치하였다.

65쪽 사진 못의 호안 높이는 동, 북, 남은 210센티미터 정도이고, 서쪽의 궁전 건물이 있는 호안은 540센티미터이다. 이는 못가의 누각에 앉아 원(苑)을 내려다보게 만든 높이인 것이다. 이곳에서도 동양인은 원림을 한 곳에 앉아 바라보는 습성을 보여 준다. 이와는 달리 서양인은 원림 속을 거니는 것을 좋아하여 동적으로 조성된 것이 많다.

못바닥에는 강회와 바다 조약돌을 옮겨와 깔아서 물이 맑았던 것이며, 못 가운데쯤에 정(井)형(길이 134센티미터, 높이 101센티미터 정방형) 목조물을 못바닥에 박아서 그 속에 연(蓮)을 심어 연뿌리가 번져 나가지 못하게 하여 한정된 공간에 연꽃이 피게 만든 시설이 있었다.

못 물의 깊이는 약 180센티미터 정도였을 것으로 추정된다. 이 못을 바다로 상징하여 넓게 보이고자 한 것인데, 연꽃이 가득하면 답답하고 좁게 보이기 때문에 못바닥에 수초가 나지 못하게 강회나 자갈돌을 깔았던 것이다.

괴석의 치석(置石) 법을 보면, 서쪽 호안쪽 210센티미터 높이에 괴석단을 만들어 치석하였다. 괴석은 해안을 상징하듯 놓여 졌는데 돌의 생김새에 따라 평면적인 돌은 지표에 뜸뜸이 흩어 묻어서 한

면만 보이게 산치(散置)의 기법으로 놓았다. 괴석 2개나 3개를 모아서 아름답게 공간을 구성한 것은 군치(群置)의 기법이다. 괴석을 첩첩이 쌓아서 단애처럼 만든 첩치(疊置)도 있다. 괴석이 특출하여 어떤 쪽에서 보아도 아름다운 것은 하나를 잘 받쳐서 돌뿌리를 땅에 묻어 세웠는데 이는 특치(特置)로 놓은 것이다.

동쪽 호안과 북쪽 호안은 가산의 언덕들이 연속되었는데 「동국여지승람」 '경주부조'에 의하면, 무산 12봉을 상징한 것이다. 무산 12봉은 「고문진보(古文眞寶)」 전편 권7에 실린 '관원단구좌무산병풍(觀元丹丘坐巫山屛風)' 시의 주(註)에 "망하(望霞), 취병(翠屛), 조운(朝雲), 송만(松巒), 집선(集仙), 취학(聚鶴), 정단(淨壇), 상승(上昇), 초운(超雲), 비봉(飛鳳), 등룡(登龍), 성천(聖泉)"이라고 했다.

이는 송옥(松玉)의 '고당부(高唐賦)'에 나오는 초(楚)나라 양왕이 운몽(雲蒙)에서 선녀를 만나 운우지정(雲雨之情)을 나눈 사랑의 고사에서 비롯된 것인데, 선녀가 사는 선경(仙景)을 상징한다.

무산 12봉의 높이는 일정하지 않으나 3미터에서 6미터 정도의 것들이다. 「삼국사기」 '문무왕 14년조'를 보면 "궁 안에 못을 파고, 가산을 만들고, 화초를 심고, 기이한 짐승을 길렀다"라고 기록되어 있다. 이 기록에 의하면 가산에는 화초만 심었던 것이다. 지금은 버드나무 등 큰 교목들이 서 있는데 이것들은 이 조원의 경관을 망치고 있다. 왜냐하면 큰 나무가 가산 위에 서면 선산(仙山)인 무산 12봉이 작은 무덤처럼 보이고, 숲에 가려져서 가산이 없어져 버린다. 그래서 가산과 괴석이 잘 보이게 하기 위해서는 난이나 모란 등 화초를 심어야 가산의 괴석과 봉우리의 조형미가 나타나는 것이다. 그리고 못 속에는 공작이나 백조, 사슴들을 길렀던 것 같다.

안압지에 물을 대는 것은 동남쪽 계류이거나 북천의 물을 끌어온 것 같다. 물을 끌어들인 석구는 너비가 50센티미터, 길이가 20

센티미터로 수로(水路)가 설치된 흔적이 안압지 동남쪽 담지에서 발굴되었다. 이 수로를 통해 들어온 물은 거북을 음각한 것 같은 위아래 2개의 수조에 고였다가 자연석 계간을 흘러 폭포로 떨어져 연못 속에 들어가게 만들었다. 음각의 거북 모양과 비슷한 수조 가운데 위의 것에는 용머리 토수구가 설치되어 용의 입으로 물을 토해서 아래 수조에 떨어졌던 것이다. 이 용머리는 없어지고 지금은 끼어졌던 자리만 남아 있다. 연못에 떨어지는 폭포 높이가 120센티 미터 정도인데 물이 판석을 타고 떨어지게 되어 있다.

수입(水入) 시설인 석조가 있는 공간은 목욕도 할 수 있는 시설이 므로 간편한 집이 있었던 것 같은 유구가 있다. 물을 빼는 시설은 북쪽 호안 중간쯤에 있는데 긴 장대돌에 물구멍을 단을 지어 뚫어서 나무로 만든 물마개를 박아 놓았다. 이것으로 연못의 수면을 조절하게 되어 있는 것이다. 또한 동궁의 궁전 안을 물이 흐르도록 석구가 설치되어 이채롭다.

이 원지 외곽은 전부 담이 설치되어 외부에서는 볼 수 없게 만들어졌던 것이다. 1975년에 담자리가 발굴 조사되었다. 이 궁담의 높이는 「삼국사기」 '옥사(屋舍)조'에 나오는 6두품의 민가 담장 높이인 8자보다 높았을 것이다.

1975년 안압지 발굴 당시 길이 6.2미터, 너비 1미터의 카누 같은 신라 배가 발굴되었는데, 이 배는 선유 놀이를 할 수 없는 배로 원지 (苑池)의 관리용 배같다. 현재 국립경주박물관에 진열되어 있다.

「삼국사기」에 보이는 임해전은 동궁의 주전(主殿) 건물로 보인다. 서쪽 호안의 누각터에 3동의 정자가 건립되어 있다. 가장 남쪽 건물은 정면 3칸, 측면 3칸의 사모지붕 주심포 집(102평방 미터)이다. 중앙 건물은 정면 5칸, 측면 4칸의 팔작지붕 주심포 집(186 평방 미터)이다. 가장 북쪽 건물은 정면 3칸, 측면 3칸의 사모지붕의 주심포 집(43평방 미터)이다. 이 누정(樓亭) 들은 회랑으로 모두 동궁 건물에 연결되어 있었다.

임해전에는 3월과 9월에 잔치를 여는 기록이 「삼국사기」에 여러 번 나온다. 이 기록을 통하여 봄과 가을이 가장 아름다운 원지였음을 짐작할 수 있다.

안압지는 바라보는 기능으로 만들어진 궁원으로 지척에 있는 무산 12봉이 아득하게 보이도록 협곡을 만들었고, 삼신도와 무산 12봉 등 선경을 축경식으로 축소시켜 피안의 세계처럼 만든 상징주의 궁원이다. 지금도 외곽에 높은 담을 설치하여 경역을 아늑하게 만들고, 기화이초만을 심고 백조나 공작을 기르면, 별세계 같은 깊은 원지의 유현감이 살아날 것이다. 무산 12봉을 보면 고구려 벽화고분의 산수화처럼 삼산(三山)의 기법을 조형으로 나타냈으며, 굴곡진 협곡이 동양화에서 많이 쓰이는 심원의 기법을 느끼게 한다.

통일신라의 궁원

경주 남산 서쪽 계곡에 신라 이궁(離宮)의 포석정 터가 있다.

이 포석정의 조성 연대는 8, 9세기로 보인다. 「삼국유사」에는 72쪽 사진 헌강왕(憲康王)이 포석정에서 잔치를 열고 춤을 춘 기록이 있다. 그러나 지금의 포석정 터에는 정자 옆에 유상곡수연(流觴曲水宴)을 하던 석구만 남아 있다. 그리고 정자에 오르던 섬돌 1개가 남아 있다. '유상곡수연'이란 수로(水路)를 굴곡지게 하여 흐르는 물 위에 술잔을 띄우고, 그 술잔이 자기 앞에 올 때에 시(詩)를 한 수 읊는 놀이를 말한다. 이러한 놀이의 기원은 중국 진(晉)나라 왕희지(王羲之)가 353년 3월 3일 회계현(會稽縣) 산음(山陰)에서 구곡(九曲)으로 흐르는 물 위에 술잔을 띄우고 시를 지어 읊는 연회를 했던 것을 기록한 「난정첩(蘭亭帖)」에까지 올라간다.

포석정 터 포석정의 조성 연대는 8, 9세기로 보인다. 그러나 지금의 포석정 터에
는 정자 옆에 유상곡수연(流觴曲水宴)을 하던 석구만 남아 있다. 이 석구는 긴 축
이 10.3미터, 가운데 폭이 약 5미터로 63개의 부재로 조립되었다.

이 「난정첩」은 명필 왕희지의 글씨와 더불어 유명해졌고 그 뒤 이러한 격 높은 놀이가 원림(苑林)에서 행해지게 되어 유상곡수연의 시설이 만들어진 것이다. 따라서 유상곡수연의 유적은 중국 숭복궁(崇福宮) 터나 일본 나라(奈良)에도 남아 있다.

포석정 터의 석구는 전복같이 생겼는데 긴 축이 10.3미터, 가운데 폭이 약 5미터로 63개의 부재로 조립되었다. 물이 위에서 밑으로 천천히 흐르게 되어 있다.

이 포석정 석구(石溝) 옆에는 남산의 포석계에서 흐르는 맑은 계류가 잔잔한 폭포와 작은 소(沼)를 형성하면서 흐르고, 주위에는 수백 년 된 느티나무와 송림과 죽림이 있으며, 남산의 울울한 기암괴석이 아름다운 경관을 조성하고 있다. 원래 포석정 석구에 물을 대는 것은 나무 홈대로 포석계 상류에서 물을 끌어들였던 것으로 보인다. 지금은 주위 환경이 민가로 인하여 일부 변형되었다.

발해의 상경 용천부(上京龍泉府)

발해(699~926년)의 왕궁인 상경 용천부가 발굴 조사되었다. 상경 용천부는 755년에 창건된 궁으로 현재는 중국 흑룡강성 영안현(黑龍江省寧安縣)에 속한다.

주위 수백 리가 되는 분지의 평원(平原)에 자리잡았는데 도성(都城) 남쪽에 경박호가 있으며, 이 호수에서 흐르는 목단강은 도성의 남쪽, 서쪽, 북쪽을 감돌아 흐르고 있어 천연의 요새지이다. 도성의 둘레는 16,296미터로 남북으로 약간 긴 장방형이다. 도성 안에는 외성(外城), 궁성(宮城), 황성(皇城)이 있고 외성의 성벽에 붙여서 해자(垓子)가 조성되어 있다. 외성의 동, 서 성벽에 각각 2개씩의 성문이 있고 남, 북 성벽에는 각각 3개씩의 성문이 있으며, 남쪽

74쪽 사진

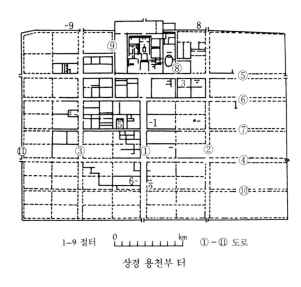

1–9 절터　　0 ㅣㅣㅣㅣㅣㅣㅣ km　　①–⑪ 도로

상경 용천부 터

중앙 성문에서 남쪽을 향하여 폭 110미터의 주작대로가 정연하게 설치되어 바둑판 같은 도시 계획을 보여 준다.

궁성(宮城)은 장방형으로 둘레가 약 4킬로미터인데 크게 네 구역으로 구분하여 중앙에는 궁전 건물, 서쪽 구역에는 부속 건물과 원림(苑林), 동쪽 구역에는 원지(苑池), 조산(造山), 팔각정, 원림(苑林)이 있었다. 궁성 남쪽에 황성이 있는데 동, 남, 서에 성문이 있고 중구, 서구, 동구로 나누어 중구는 궁성의 앞 광장이 되고, 동구와 서구에는 발해의 관청인 3성 6부(三省六部)가 있었다.

「발해국지(渤海國志)」에 보면 궁성 안에 부녀자들이 모란을 많이 심어 모란꽃 화원이 화려했다고 한다. 반면에 「삼국사기」 '양원왕(陽原王) 2년조'에는 "고구려 평양의 왕도(王都)에 배나무를 많이 심어 나뭇가지가 서로 연결되듯이 수림이 우거졌다" 하였으니 평양의 봄은 배꽃으로 덮였던 것이다. 발해는 고구려와 달리 중국 사람이 좋아하는 모란을 숭상한 것이 대조적이다.

고려의 궁터

고려의 궁터는 개성 만월대이다. 북한에서 이 고려 궁터를 발굴 조사하였다. 고려 궁은 남북 축선상에 주요 건물이 배치되었는데 장엄하게 보이기 위해 구릉 지대에 단을 지어 건립된 것이 특이하다.

궁의 정문인 승평문이 있고, 그 안에 원림이 조성된 마당이 있으며, 그 뒤에는 중층 문루인 신봉문이 있다. 더 들어가면 창합문이 있으며, 그 문 안에 4줄로 된 33단의 돌계단을 오르면 회경전의 회랑 정문인 회경문이 있고 회랑 안에 정면 9칸, 측면 4칸의 정전인 회경전(會慶殿)이 있다. 회경전 뒤에는 장화전(長和殿)이 있고 더 올라가면 원덕전(元德殿)이 있다. 그리고 이 축대 서쪽에 건덕전(乾德殿)을 비롯한 침전 건물들이 있었고, 동쪽에는 여러 건물 시설과 함께 궁원(宮苑)이 조성되어 연못, 정자, 폭포, 원림 등이 조성되어 있었던 것이다.

「고려사」에 보이는 조원 기록을 살펴보면 예종 8년(1113)에 "궁의 서남에 화원(花園) 두 곳을 설치하고 누대(樓臺)를 짓고 화원에 민가의 화초를 거두어 옮겨 심었다. 그러고도 부족하여 송나라 상인에게 화목을 사들여 내탕금을 적지 않게 소비하였다"라고 하였다. 이 기록은 우리나라가 궁원을 가꾸기 위해서 외국에서 화목을 수입한 최초의 예가 될 것이다. 의종 6년(1152)에는 "내시 윤언문(尹彦文)이 괴석을 모아 수창궁(壽昌宮) 북원(北園)에 가산을 만들고, 그 곁에 작은 정자를 지어 만수정(萬壽亭)이라 했는데 벽에 황색 비단을 입혀 사람의 눈을 황홀하게 하였다. 그리고 선구보(善求寶) 곁에 정자를 지어 괴석과 명화를 모아 놓고 양성정(養性亭)이라 했다"라고 하였다.

또 의종 11년(1157)에는 태평정 남쪽에 못을 파고 관람정을 짓고 북쪽에 청자 기와를 이은 양이정(養怡亭)을 짓고, 남쪽에 양화정(養和亭)을 지어 죽림을 조성하였다. 그리고 옥돌을 갈아 환희대, 미성대를 쌓았고 주위에 괴석을 모아 선산(仙山)을 만들고 물을 끌어들여 폭포를 만들었다. 의종 21년에는 청령정 남쪽 기슭에 중미정을 세우고 정자 남쪽 시내에 흙과 돌을 쌓아 보를 막고, 언덕 위에 초정을 지어 오리가 놀고 갈대가 우거지게 하여 강호의 운치를 살렸다. 그 못 가운데에 배를 띄우고 동자로 하여금 어부가를 낭랑히 부르게 하였다.

만춘정은 판적요(板積窯) 안에 있는데 남에서 시냇물이 굽이쳐 흐르고 좌우에 송죽(松竹)과 화목이 울창하게 우거졌고 초정(草亭), 초루(草樓)가 일곱 곳에 있으며 금화교(錦花橋)의 다리가 아름다웠다. 이곳에 선유하는 어선(御船)은 비단으로 장식하여 화려하였는데 3년이 걸려 만든 것이었다.

이러한 유적과 기록을 보면 고려의 궁원은 실로 화려하고 운치 있었던 것임을 알 수 있다.

조선의 궁원

정궁 경복궁(景福宮)

경복궁은 서울 종로구 세종로 1번지에 있다. 경복궁은 진산인 북악을 등지고 백호(白虎)인 인왕산(仁旺山)과 청룡(靑龍)인 낙산(駱山)을 좌우에 두고 안산인 남산을 바라보면서 한양의 명당수(明堂水)인 청계천(淸溪川)이 북부서(亥)에서 시작하여 동(卯)으로 흘러가고, 한양의 객수(客水)인 한강이 동에서 서로 흘러가는 극길(極吉)한 명당에 터잡고 있다.

경복궁의 창건은 1395년이며 1592년 임진왜란 때 불타 버리고 1867년에 중건되었다. 경복궁의 면적은 327,508평방 미터로 장방형의 궁담이 설치되어 있다.

궁문은 남에 광화문(光化門), 동에 건춘문(建春門), 서에 영추문(迎秋門), 북에 신무문(神武門)이 있다. 궁전의 중심 건물은 남북의 중심 축선에 배치되었던 것이다. 남에서 북으로 일직선상에 배치되었던 건물은 광화문, 홍례문(弘禮門), 근정문(勤政門), 근정전(勤政殿), 사정전(思政殿), 강녕전(康寧殿；왕의 침전), 교태전(交泰殿；왕비의 침전)이다. 이는 3문을 거쳐서 정전에 이르게 한 궁제이다.

외조(外朝) 근정문 앞과 경회루(慶會樓) 남쪽과 건춘문 안의 남쪽 공간이 된다. 이 외조 공간에는 승정원, 홍문관, 예문관, 상서원, 사옹원, 빈청, 오위도총부, 검서청, 내의원, 수직사 등이 있었다. 또한 느티나무, 회화나무 등을 심어 원림을 조성하였고, 광화문 안의 좌우 공간에 방지(方池) 2개가 있었다. 그리고 북악에서 흘러내리는 명당수가 외당(外堂) 앞으로 흐르면 길하다는 풍수설에 의해 개울이 근정문 앞을 흘러 동으로 나가고 있었다. 이 개울 위에 영제교(永濟橋；현재 근정전 동쪽에 옮겨 있음)가 설치되어 조선 석조 조각의 대표적 예술품인 해치의 신수(神獸) 조각물과 함께 아름다운 경관을 조성했다. 그러나 일제(日帝)는 1920년대에 광화문을 헐어 옮기고 영제교도 이전시켰다. 또한 이 외조의 공간에 조선총독부 건물(현 국립중앙박물관)을 건립하여 조선 정궁의 궁원과 위엄을 파괴하였다.

왕궁 앞 정문 안에 느티나무나 회화나무를 심어 원림을 조성하는 것은 중국 주(周)나라 때부터 괴목(槐木) 밑에 삼공(三公)이 앉아 정사(政事)를 보았다는 고사에서 유래한 것이다. 그래서 왕궁의 별칭이 괴신(槐宸)이라 하고, 정승이나 판서의 직위를 느티나무, 회화나무의 위치라 하여 '괴위(槐位)'라고도 한다. 이로 인해 궁궐의 문 앞에는 꼭 느티나무나 회화나무를 심어 숲을 조성하였다.

치조(治朝) 조회나 의식을 행하는 근정전과 정무를 보는 사정전

(思政殿), 천추전(千秋殿), 만춘전(萬春殿)이 있다. 이 치조의 공간은 수목을 심어 조경하지 않는다. 그러나 근정전의 삼단 축대는 12지신 상과 4신을 완숙한 조각술로 조각하여 방위신이 지켜 주는 신성한 건물임을 상징하고 있다. 회랑 안 정전 마당은 억센 돌떼기 기법을 사용한 판석을 깔아 햇빛으로 인한 빛의 반사를 막고 거닐 때 미끄러지지 않게 하며, 절묘한 구배를 주어 배수를 과학적으로 처리한 것은 무심히 보아 넘길 건축술이 아니다.

연조(燕朝) 향오문(嚮五門) 북쪽 안에 왕의 침전인 강녕전과 왕비의 침전인 교태전, 이에 부속된 침전들과 대비(大妃)의 침전인 자경전(慈慶殿) 등이 있다. 경회루(慶會樓)는 사신을 영접하고 궁 안에서 연회를 베푸는 장소이지만 침전 서쪽에 붙어 있는 원지(苑 池)이다.

경복궁 침전 공간의 조원은 경회루 방지(方池)와 왕비의 침전 후원이던 아미산(峨眉山)과 자경전 안에 화담과 십장생 굴뚝이 남아 있다.

경회루　경복궁의 연조 공간에 있는 경회루는 사신을 영접하고 궁 안에서 연회를 베푸는 장소이지만 침전에 붙어 있는 원지이다.

아미산 경복궁의 교태전 후원은 선산(仙山)을 상징하여 아미산이라 한다. 장방형 단 모양의 동산에는 육각형의 화전(花塼) 굴뚝 4개가 서 있다.

경회루 방지는 남북 113미터, 동서 128미터의 못에 3개의 방형 78쪽 사진 섬을 조성하고, 동쪽 큰 섬에 웅장한 경회루를 건립하고 3개의 돌다리를 설치하였다. 석교의 석난간과 하엽동자(荷葉童子)와 법수(法首)의 해태 조각들이 조선 석조 조각의 수준 높은 솜씨를 보여 준다. 현 경회루는 1867년에 건립된 것이다. 연산군 때인 1506년에 "경회루 방지에서 금, 은, 비단으로 장식한 황룡주(黃龍舟)를 왕과 왕비 등이 타고 산호, 비단 등으로 장식한 등(燈)을 물 위에 띄우고 호화로운 잔치를 벌였다"라는 기록이 있다.

교태전은 경복궁의 가장 중심에 배치되어 있다. 교태전 후원은 선산(仙山)을 상징하여 아미산이라 한 것인데, 장방형의 단 모양을

한 동산이다. 옛날에는 제일 깊은 중궁전(中宮殿)의 후원이다. 화계
(花階)가 조성되었고, 화계의 단에는 화목과 수조(水槽), 괴석대가

79쪽 사진

배치되고 육각형 아름다운 화전(花塼)의 굴뚝 4개가 서 있다. 굴뚝
높이는 260센티미터이며 한 면 폭이 88센티미터이다. 굴뚝 벽면에
는 모란, 국화, 소나무, 대나무, 매화, 당초문, 용, 호랑이, 학, 해태,
구름 등이 조형전으로 조성되어 있다. 아미산에 남아 있는 늙은
배나무가 인상적이다.

81쪽 위 사진

　자경전은 대비의 침전이므로 언제든지 중궁전의 동쪽에 두는
법이다. 대조전 마당 안에는 화목을 심지 않는다. 그러나 대비가
오래 살도록 축수하는 뜻으로 화담에는 거북문, 천도(天桃), 모란,
매화, 국화, 연꽃 등이 배치되고 "만수(萬壽)"라는 글자 무늬도 새겨
있다. 후원 뒤뜰 담벽에 붙은 굴뚝에는 해, 달, 바다, 거북, 불로초,
학, 구름, 거북, 사슴, 소나무 등이 화전(花塼)으로 장식되었다.

　상원(上苑)　침전 후원이다. 여기에는 향원지(香遠池)와 녹산
(鹿山)등 원림(苑林) 공간이 된다. 원래 왕이나 왕족들이 휴식하고
소요하던 곳이다. 향원정 북쪽에 1873년 건청궁(建淸宮)을 지었
다. 향원지는 4,605평방 미터의 넓이에 방형인데 가운데 324평방

81쪽 아래 사진

미터의 원형 섬이 있고 섬 가운데 육각형의 정자인 향원정이 서 있
다. 이 향원정에 들어가는 목교가 원래 북쪽에 설치되어 있었는데
1953년에 남쪽으로 옮겨 놓았다.

　향원지란 주렴계(周濂溪)의 '애련설(愛蓮說)'에서 따온 말이다.
그래서 못 속에 연꽃을 심고 못 주위에는 배나무, 소나무, 느티나
무, 회화나무, 산사나무, 버드나무, 참나무, 단풍나무 등이 수림을
이루었다. 이 연못의 수원은 열상진원(洌上眞源)이라는 샘물인데
수입(水入) 시설이 물을 꺾어서 물 밑으로 잠겨들게 만든 것이 특이
하다.

　녹산은 창덕궁 비원(祕苑)과 같은 원림을 형성하고 있다.

자경전 일곽 자경전은 대비의 침전이다. 대비가 오래 살도록
축수하는 뜻의 문양이 있는 뒤뜰의 꽃담이 보인다.(위)

향원정 향원지 안에 원형 섬이 있고 여기에 육각형의 향원정
이 서 있다.(아래)

이궁(離宮) 창덕궁(昌德宮)

창덕궁은 1405년 이궁으로 창건되었다. 전체 면적은 405,636평방 미터인데 후원인 비원(祕苑)이 약 300,000평방 미터를 차지한다. 이궁은 정궁이 아니므로 휴양 공간이 더 넓고 외조와 치조의 정연한 궁제(宮制)를 가지고 있지 않다. 후원이 넓어진 것은 1463년이며, 1592년 임진왜란 때는 모든 궁이 소실되었다가 1610년에 복구되었다. 이 궁의 외조 공간은 옥당 등이 있던 금천교(錦川橋) 북쪽 공간이며, 치조는 인정전(仁政殿)과 선정전(宣政殿) 공간이고, 연조인 침전 공간은 대조전(大造殿)과 희정당(熙政堂) 공간이다. 정궁인 경복궁처럼 남북 중심 축선상에 궁문, 정전, 침전이 배치되지 않고 자연의 지세에 따라 서에서 동으로 궁전 건물이 배치되어 한국적 특성의 궁이라고 하기도 한다.

외조 창덕궁의 외조 공간인 돈화문(敦化門) 안에는 느티나무와 회화나무 수림이 울창하다. 이는 궁의 조원 제도에 의하여 괴수(槐樹)가 배식된 것이다. 그리고 북에서 흘러내리는 명당수가 외당 앞으로 흐르면 길하다는 풍수설에 의하여 명당수 위에는 금천교(錦川橋)가 설치되었다. 이 석교는 1411년에 조성된 서울에서 제일 오래 된 석교이다. 금천교를 건너면 진선문(進善門)이 있었다.

치조와 연조 치조의 정전 편전 공간에는 조경하지 않는 것이 원칙이므로 원림이 없고, 침전인 대조전 후원에는 운치 있는 전담과 화계가 조성되어 있다. 그러나 창덕궁 침전 공간은 너무 좁아 원림(苑林)을 설치할 장소가 없다. 대조전 후원의 담 뒤에는 가정당(嘉靖堂)의 후원이 조성되어 있다. 이 후원은 일제 초쯤에 변형된 것으로 보인다. 대조전 앞에는 소나무와 단풍나무 등이 운치 있게 배치되어 있다. 그러나 19세기에 그린 '동궐도(東闕圖)'에는 중궁전 마당에 나무가 없다. 대조전은 화재로 소실된 뒤 경복궁의 교태전과 강녕전을 헐어다가 이 건축 부재로 현재의 건물을 지을 때 조성된 조원이다. 희정당 동쪽에는 작은 방지 하나가 땅 속에 매몰되어 있다.

상원　창덕궁에서 가장 훌륭한 것은 궁원인 비원(祕苑)이다. 창덕궁 후원을 '비원'이라 부르기 시작한 것은 1904년부터이다. 그 이전의 기록에는 후원이라 한 것이 가장 많다.

비원 입구에서 고개를 넘어 들어가면 부용지(芙蓉池;34.5×29.4미터)를 중심으로 남쪽 호안에 1792년에 건립된 부용정이 있고, 동쪽 언덕에 영화당(暎花堂)이 있다. 북쪽 산기슭 위에 목공예품같이 세공으로 건립한 어수문(魚水門)이 있고, 이 문을 통하여 석계를 따라 올라가면 1777년에 건립한 주합루(宙合樓)가 있다. 주합루 84쪽 사진 뒤 한적한 동쪽 원림 속 화계 위에는 제월광풍관(霽月光風觀)의 소박한 선비의 별당 같은 단청하지 않은 내루(內樓) 1칸, 방 2칸의 건물이 있다. 그리고 서쪽 원림 속에는 역시 소박한 2칸의 희우정(喜雨亭)이 단청하지 않은 채 적적하게 서 있다. 주합루 서쪽 아래에는 왕비가 누에를 기르던 양잠실 건물이 있다. 비원 안에서는 이 공간이 가장 과감한 인공적 조원 공간을 형성하고 있는 곳이다.

주합루 앞에는 장대석으로 단을 놓았고, 단에는 괴석분이 배치되었으며, 어수문 옆에는 작은 협문 2개가 또 있다. 이 어수문을 경계로 옛날에는 차경 울타리가 설치되었던 것이다. 직선적인 과감한 화계의 석조물과 5칸 다락의 높다란 주합루, 주위의 울창한 원림과 방형의 연못들이 적절히 배합되었다. 주합루 아래층은 서고(書庫)인데 옛 규장각(奎章閣)이다. 주합루 위 다락은 열람실로도 사용했다.

희우정은 1645년에 건립한 취향정(醉香亭)인데 한발이 심하였던 1645년에 숙종이 이 집에 이르자 비가 와서 희우정이라 한 것이다. 주합루, 양잠실, 희우정, 제월광풍관을 한 구역으로 묶어 주위에 운치 있는 담이 둘러 있다. 부용지 가운데는 원형 섬이 있는데 여기

주합루 창덕궁의 상원인 비원 입구에서 고개를 넘어 들어가면 부용지와 어수문, 주합루가 한눈에 들어온다.

에 소나무 한 그루가 섰고 못 속에는 연꽃이 심어져 있다.

부용정 건물은 평면이 ＋자형에다 남쪽으로 다각화되어 기묘한 정자를 구성하였다. 이 부용정의 오색 찬연한 그림자가 물 속에 드리워져서 그 안에 앉아 있기 위하여 건립한 집이라기보다는 연못의 경관을 조성하기 위하여 지은 집 같다.

이곳을 넘어 북쪽으로 들어가 한 개의 돌로 만든 석문인 불로문(不老門)을 들어서면 한 변이 26.2미터인 정방형의 연못인 애련지

통명전 방지(方池) 창경궁 안에서 옛 조원의 원형이 남아 있는 곳은 통명전 후원의 화
계와 서쪽에 붙어 있는 지당(池塘)이다.

은 길이 12.8미터, 너비 5.2미터의 장방형인데 지당 가운데에 석교
가 걸쳐 있고 못 속에는 괴석 3개가 설치되어 있다. 지당 주위에는
석난간을 둘렀으며 물은 지당 북쪽의 샘에서 솟아나는 물을 폭포로
떨어져 들어가게 만든 긴 수로의 석구가 남아 있다. 현재는 수원이
고갈되었다.

창경궁의 춘당지는 일제 초에 판 못으로, 원래 근농장이 있었던
곳이다.

서원과 별서의 조경

    한국의 서원(書院)이나 별서(別墅)의 유적은 15세기 이후의 것들이다. 조선 유학자들은 중국의 주자가 1183년 중국 숭안현(崇安縣) 무이산(武夷山) 계곡 승경인 무이구곡(武夷九曲)에 건립한 무이정사(武夷精舍)가 최고의 이상향(理想鄕)이었다. 그들은 주자처럼 은둔하는 행동을 미덕으로 생각했다. 그래서 서원(書院)을 조영하거나 은둔의 별서(別墅)를 건립할 때 주자의 무이구곡을 모방하려 하였고, 그를 흠모하여 조영 속에 상징화하였다. 서원이나 별서의 조원(造苑)은 자연주의 바탕 위에 이루어졌으며, 현실의 명리(名利)를 떠나 선현(先賢)의 학문을 수학(修學)하고 사색하는 공간을 조성한 것이다.

서원의 조경

소수서원(紹修書院)

91쪽 사진   한국 최초의 서원인 경북 영주의 소수서원은 1542년에 창건되었

다. 아름다운 계류가 흐르고 송림이 우거진 유현한 공간에 죽계(竹溪)를 만들고, 아담한 제월교(霽月橋)를 놓고 경렴정(景廉亭)을 세웠다. 암벽에 "백운동(白雲洞)" "경(敬)" 등 글자를 새기고 광풍대(光風臺)를 만들었다.

도산서원(陶山書院)

경북 안동군에 있는 도산서원은 1557년 퇴계가 서당을 건립하여 후학을 양성하던 곳을 제자들이 서원으로 발전시킨 곳이다. 이 서원은 낙천(洛川)이란 아름다운 강이 앞에 흐르고, 주위 산은 경승의 절벽으로 병풍처럼 둘러서 있는 송림이 울창한 아늑한 계곡에 자리잡고 있다. 퇴계는 장방형 작은 연못을 판 뒤 연꽃을 심고, 정결한 벗이 있는 못이라는 뜻으로 정우당(淨友塘)이라 하였다. 또 뜰에 샘을 파서 몽천(蒙泉)이라 했다.

92, 93쪽 사진

도산서원 이 서원은 강이 앞에 흐르고, 주위 산은 경승의 절벽으로 병풍처럼 둘러서 있는 송림이 아늑한 계곡에 자리잡고 있다. 서원에 들어오는 입구의 바위를 '곡구암(谷口岩)'이라 하고, 양쪽 산 언덕의 전망대 같은 자연 암석을 동대, 서대라 이름을 붙여 자연 자체를 조원의 원림으로 뜻을 부여하였다. 단을 만들어 매화원을 조성하였고 죽림과 송림들이 운치 있게 조성되었다.(왼쪽, 위)

개울가에 단(壇)을 만들어 매화나무, 대나무, 소나무, 국화를 심어 절개 있는 벗들이라 하여 절우사(節友社)라 하였다. 서원에 들어오는 골짝 입구의 산문(山門) 같은 바위를 곡구암(谷口岩)이라 하고 양쪽 산 언덕의 전망대 같은 자연 암석을 동대, 서대라 이름을 붙여 자연 자체를 조원의 원림으로 뜻을 부여하였다. 단을 만들어 매화원을 조성하였고, 죽림과 송림들이 운치 있게 조성되었다. 퇴계는 특히 매화를 좋아하여 '매선(梅仙)'이라 하면서 숭상했다. 그리고 죽(竹)에 대해서도 각별한 관심을 보였다. 도산서원은 조선의 선비가 동경하던 곳으로 강세황(姜世晃)이 그린 '도산서원도(陶山書院圖)'가 보물로 지정되어 있다.

소현서원(紹賢書院)

소현서원은 황해도 벽성군 토현리에 있다. 수양산(首陽山)의 지맥이 서로 뻗어 선적봉(仙適峰)이 되고 이 봉 서쪽 수 킬로미터 되는 곳에 진암산(眞岩山)이 있다. 여기 석담구곡(石潭九曲)은 두 산 사이 계류에 전개되었다. 율곡은 1578년 이곳에 들어와 은병정사(隱屏精舍)를 짓고 후학을 가르쳤는데 뒤에 이곳에 소현서원이 이룩되었다. 여기에는 요금정(瑤琴亭), 청계당(聽溪堂), 우감실의 원림 건물이 있다. 특히 요금정은 율곡의 여동생 옥산(玉山)이 거문고를 타던 곳이다. 주위는 맑은 계류와 함께 은행나무, 송림 등이 울창하다. 이 고산 석담구곡의 경승을 시(詩)와 그림으로 그려 많이 전하였는데 1803년에 그린 '고산구곡시화병(高山九曲詩畵屏)'이 국보로 지정되어 있다.

옥산서원(玉山書院)

95쪽 사진   옥산서원은 경북 경주군 안강에 있는데 조선 중기에 이언적 선생이 거처하던 독락당(獨樂堂)이 계간가에 남아 있다. 계간 쪽으

옥산서원 경북 경주 안강에 있는 옥산서원은 계간가에 자리하였다. 이언적 선생이
기거했던 독락당의 마당에는 중국에서 가져다 심은 늙은 주엽나무가 있다. 독락당은
계간 쪽으로 작은 창을 내어 자연을 감상하는 자리로 삼았다.

로 작은 창을 내어 낮에는 맑은 시내와 아름다운 기암을 보고 밤에
는 개울의 물소리와 여울에 부서지는 달빛을 감상하였다. 독락당
마당에는 중국에서 가져다 심은 늙은 주엽나무가 서 있다. 계간가에
영귀대(詠歸臺)가 있고 그 밑에 방지(方池)가 있으며 연못가에 소나
무와 대나무를 심었다. 계류의 암반에 징심대(澄心臺), 탁영대(濯纓
臺), 관어대(觀魚臺), 영심대(詠心臺) 등이 있다.

　안동 하회에 있는 서애(西厓) 유성룡의 제향소인 병산서원(屏山
書院), 충남 논산군 연산면에 있는 돈암서원(遯巖書院), 남명(南冥)
조식을 제향하는 덕산의 덕천서원(德川書院), 상주의 우복(愚伏)
대산루(對山樓) 등이 모두 아름다운 자연 경관에 자리하여 조원
또한 아름답다.

별서의 조경

　강원도 화천 영당동에 있는 김수증(金壽增;1628～1701년)의
화음동정사는 성리학(性理學)의 우주관을 조원에 베풀었다.

청암정　경북 봉화에 있는
권충재의 별서 건물이다.
계류가의 기암 경승에
연못을 파고 암반 위에
정자를 지은 뒤 간결한
석교를 놓았다.

소쇄원　전남 담양의 소쇄원은 1530년대에 조성된 별서이다. 바위로 구성된 계곡에 자리잡아 광풍각 등 건물을 배치하고 주위는 울창한 죽림으로 에워쌌다. 또한 배롱나무, 매화, 장송, 벽오동, 단풍, 청록, 파초, 국화 등이 심어져 선비의 고고한 정신과 함께 기품 있는 원림을 조성하였다.(위, 아래)

소쇄원 판목　1755년 4월 하순에 제작된 소쇄원 목판이다. (뒤)

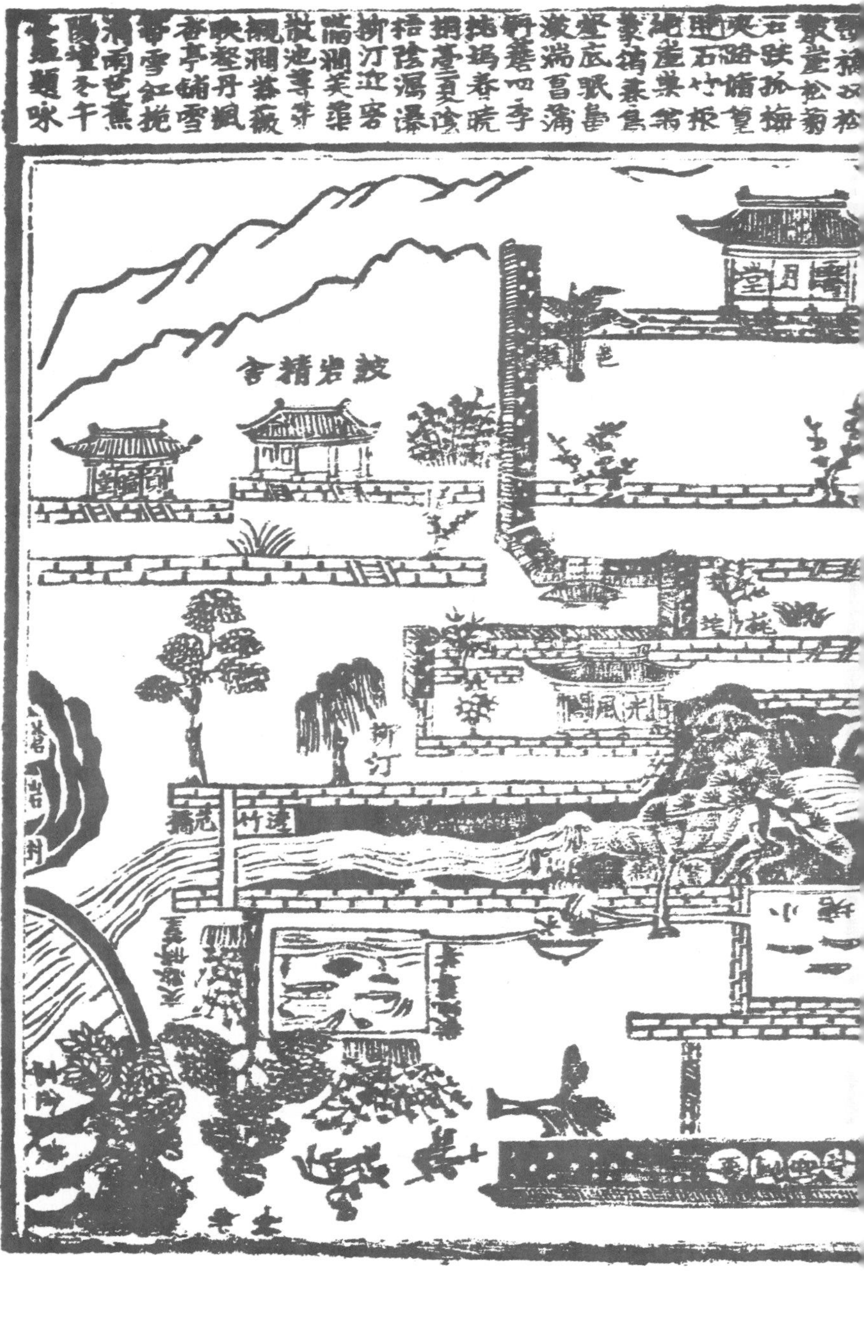

崇禎紀元後三乙亥清和下浣刊于昌平純壽齋之卽竹詩

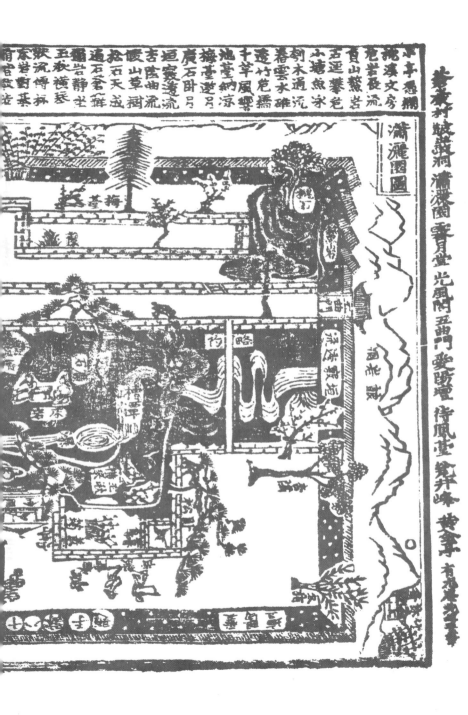

경북 봉화에 있는 권충재(沖齋 權撥;1478~1548년)의 별서는
15세기에 조성된 것인데 사적 및 명승으로 지정되어 있다. 계류가의
96쪽 사진 기암 경승에 연못을 파고 암반 위에 청암정(青巖亭)을 짓고 간결한
석교를 놓아 바위 사이에 단풍나무, 산닥나무, 산철쭉, 송림이 아름
다운 운치를 더하였다. 청류벽에 건립된 석천정사(石泉精舍) 등
고고한 선비의 격높은 안목을 보여 준다.

97쪽 사진 전남 담양의 소쇄원(瀟灑園)은 1530년대에 조성된 양산보(梁山甫;
1503~1557년)의 별서이다. 바위로 구성된 계곡의 약 9,900평방
미터 공간에 급류의 굽을 잡아 광풍각(光風閣), 제월당(齊月堂)
등 건물을 배치하고, 주위는 울창한 죽림으로 에워싸고 화계(花階),
연지(蓮池), 석담(石潭), 석천(石泉), 물레방아, 초정(草亭), 원담,
외나무다리, 죽교(竹橋) 등이 운치 있게 배치되었다. 배롱나무, 매
화, 장송, 벽오동, 단풍, 청죽, 파초, 국화, 도화(桃花)가 심어져 은둔
하는 선비의 고고한 정신과 함께 기품 있는 원림을 조성하였다.
98, 99쪽 사진 1755년에 판각한 '소쇄원도'가 전하여 옛 원의 모습을 잘 전하여
준다.

전남 완도군 보길도에는 고산(孤山 尹善道;1587~1671년)의
별서원이 남아 있다. 1637년에 조성된 것인데 세연정(洗然亭) 계원
101쪽 사진 (溪苑)은 길이 11미터쯤 되는 판석보(板石狀)를 막아 600여 평의
계담(溪潭)을 만들고 그 옆에 250여 평의 인공 연못을 조성하였고
여기에 동대, 서대를 축조하고 석교를 놓은 다음 죽림으로 주위를
에워쌌다. 인공 방지와 계담 사이에 단을 축조하여 한 칸짜리 아담
102쪽 사진 한 세연정을 세웠다. 그리고 동천석실(洞天石室) 지역은 가파른
기암 괴석의 산중턱에 한 칸짜리 집을 짓고 석간수를 이용하여 석담
(石潭), 석천(石泉)을 만들고 휘황교와 석대, 석계를 만들었다. 격자
봉 밑에 낙서재(樂書齋)를 지어 후학을 양성하였으며, 그 옆 200
미터 거리 계간에 곡수당(曲水堂)을 세우고 연지, 목교, 석가산을

만들었다. 이곳에서는 은둔하는 조선 선비의 기품 있는 원림을 볼 수 있다.

강진에 있는 다산 초당(茶山草堂)은 1808년 조성된 것인데 간결한 연못과 차나무, 매화, 송림이 있다.

서울 부암동에 있는 안평대군의 무계정사(武溪精舍) 자리와 대원군의 석파정(石坡亭)은 선비의 별서로서 중요한 곳이다.

103쪽 사진

대전 남간정사(南澗精舍)는 우암 송시열의 유적으로 계간과 지당(池塘), 정사와 수림이 한적한 원을 구성하고 있다.

경남 양산군 화용리에 있는 우규동(禹奎東)의 별서도 20세기 초에 조성된 것인데 정자, 연못, 샘, 계류, 괴석, 화목이 잘 조화되어 있다.

이러한 조원의 공통적 성격은 세속의 명리를 버리고 학문을 배우며 사색하는 공간으로 자연에 동화하고자 한 구성의 안목에 있었다. 서원과 별서의 원(苑)은 시문(詩文)의 대상이 되고, 그림 속에 그려지고, 선현을 숭모하는 이상향으로 사람의 마음을 가라앉히고 절의를 배우게 한다.

보길도 세연정 터 세연정은 인공 방지와 계담 사이에 단을 축조하여 세운 한 칸짜리 아담한 정자이다. 지금은 정자가 있던 단이 계간에 남아 있다.

석파정 조선 말기 대원군의 별서인 석파정은 자연에 자리한 뛰어난 응용 조경의 한 예이다. 계곡에 흐르는 물이 암반에 고이고 이를 정자 안에서 바라볼 수 있게 배려한 후원의 정자이다.

사찰의 조경

삼국시대

고구려

고구려 사원(寺苑) 유적으로는 1970년 평양의 정릉사지(定陵寺址)가 발굴되었다. 정릉사는 5세기경 창건된 사찰로 추정된다.

절터의 규모는 남북 길이 132.8미터, 동서 길이 233미터인데 8각목탑을 중심으로 동서에 금당, 북에 3개의 금당, 그 뒤에 강당이 있고 강당 뒤에 승방이 있다. 승방 옆에 담을 경계로 하여 남북 24미터, 동서 14미터 공간에 괴석군을 쌓아 금강산 만물상을 연상하는 괴석원(怪石園)이 조성되어 있었다.

이 정릉사에서 서쪽으로 400미터 거리에 있는 진주못이란 못자리가 발굴되었다. 연못은 남쪽 둑이 115미터, 동쪽 둑이 75미터, 북쪽 둑이 90미터, 서쪽 둑이 70미터로 발굴 결과 현재보다 큰 장방형 연못이었음이 밝혀졌다. 또 이 연못 안에는 4개의 원형 섬이 있는데 직경이 12미터에서 16미터이다. 진주못은 고구려 때부터 있던 연못인데 정릉사와 관련 있는 연지로 보고 있다.

백제

백제의 사원 유적으로서는 부여 정림사지(定林寺址) 앞을 발굴한 결과 나타난 남문 앞에 중앙 통로를 중심으로 동, 서에 2개의 방지 (方池)가 있었다. 동쪽 연못은 동서 길이 15.5미터, 남북 길이 11 미터, 물 길이 50센티미터였다. 서쪽 연못은 동서 길이 12미터, 남북 길이 11미터, 물 길이 50센티미터로 못 속에서 연꽃대가 발견되어 연꽃을 심었던 연못임이 확인되었다. 이들 연못은 현 지표에서 4 미터 깊이에 있었다.

1938년 발굴된 부여 동남리(東南里) 사지에서는 탑자리가 없었 고, 금당과 강당 앞에 좌우로 4개의 작은 연지(蓮池)가 있었던 유적 이 발굴되었다. 측벽은 돌로 쌓고 바닥에는 기와를 깔았는데, 수련을 심었던 것으로 보인다. 그 연지의 크기는 길이 7.1자, 너비 2.3자 내지 2.5자, 길이 1.8자로 보고되고 있다.

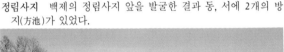

정림사지　백제의 정림사지 앞을 발굴한 결과 동, 서에 2개의 방 지(方池)가 있었다.

107쪽 위 사진

현재 발굴 조사중인 익산 미륵사지 앞에는 거대한 연지가 있음이 발견되었다. 그리고 공주에 있는 백제 대통사지(大通寺址)의 석연지(石蓮池)는 불전(佛殿) 앞에 놓였던 것으로 통일신라시대의 법주사 석연지에 이르기까지 연꽃을 심었던 그릇으로 볼 수 있는 것이다.

신라

107쪽 아래 사진

681년에 창건된 경주군 양북면 대본리에 있는 감은사지(感恩寺址) 앞에는 신라 문무왕이 호국신의 용(龍)이 되어 드나들도록 절 앞에 용담(龍潭)을 만들었다.

미륵사지 「삼국유사」에서는 미륵사가 용화산 아래의 큰 못을 메우고 세운 절이라고 전하고 있다. 현재 발굴중인 미륵사지 앞에서 거대한 연지가 발견 되었다.

석연지 현재 국립공주박물관으로 옮겨진 백제 대통사지의 석연지 2기 가운데 하나이다.(위)

감은사지 이 절은 동해의 높은 대지에 자리 잡아 문무왕의 수중릉이 바라보인다. 현재 동, 서탑만이 있는데 발굴 조사를 통해 절 앞의 연못자리가 확인되었다.(오른쪽)

통일신라시대

109쪽 사진
경주 불국사는 8세기 신라 문화의 정수가 간직된 절인데 청운교, 백운교 앞마당에 구품연지(九品蓮池)가 있다. 이 연지를 1969년에 발굴한 결과 동서 길이가 39.5미터, 남북 길이가 25.5미터, 물 깊이가 2, 3미터의 타원형 연못이었다.

연못에 물을 넣는 시설은 현재 불국사 자하문 서쪽 단에 나와 있는 석구(石溝)이다. 1969년 불국사 복원 당시 사지를 발굴했는데 무설전 동북 토함산 기슭에서 나오는 지하수를 받아 흐르게 하는 수로(水路)가 대웅전 밑으로 통하여 이 석단의 석구에 연결되어 있었다.

이 석구에서 떨어지는 폭포가 밑의 반석에 부딪쳐 부서지면서 안개가 일어나고, 무지개가 생기면 불국사 석단의 아래뿌리가 가리워져 안개 위에 떠 있는 건물처럼 보이게 된다. 떨어진 물은 다시 자갈 사이로 스며서 구품연지에 들어가게 되어 있는데 파문이 일어나지 않게 물이 연못 속에 잠겨들게 하였다. 이렇게 되어 수면이 거울 현상을 일으켜 불국사의 그림자가 고요히 못 속에 드리워진다. 그러면 반대편에서 보면 불국사의 높이는 2배로 느껴지게 될 것이다. 곧 천상의 절이 되는 것이다.

불국사 좌경루를 범영루(泛影樓)라고 한 것은 그림자를 못 속에 드리우는 누각이란 뜻이다. 현세의 불국사를 천상의 불국사로 조경의 기법으로 현현시킨 천재적 착상에 감탄한다.

사원의 조성은 정토 사상에 의한 극락 세계의 세계관을 조영으로써 현현시키고자 한 것이다. 구품연지란 구품의 세계관을 상징하는 연못이다. 절 앞에 조성된 연못은 모두 이러한 정토의 실현을 위한 조원인 것이다.

불국사 불국사의 극락전 앞 안양문으로 오르는 석교는 연화교와 칠보교이고, 청운
교, 백운교는 대웅전 앞 자하문으로 오르는 석교이다. 이 석교 앞마당에 구품연지가
있다. 구품연지란 구품의 세계관을 상징하는 연못이다. 절 앞에 조성된 연못은 모두
이러한 정토의 실현을 위한 조원이다.

고려·조선시대

「고려사」에 보면 개성 주위의 사찰 조경이 대단히 화려하였다. 예종이 창건한 안화사(安和寺)는 어화원(御花園)이 조성되어 화목, 죽림, 괴석, 정자, 계류 등 맑고 아름답기가 병풍 속에 있는 듯하였다고 한다.

강원도 경운산에 있는 청평사(清平寺)는 이자현(李資玄;1061~1125년)이 은둔한 선찰(禪刹)인데 무욕(無欲), 허정(虛靜)의 심의에 도달하는 초속적 자유의 구도장으로 선원(禪苑)이 조성되었다. 그 후 14세기에 원나라 원찰이 되고 16세기에 보우 스님이 중창하였다.

사찰로 오르는 산 중턱에 사다리꼴(북쪽 호안 16미터, 남북 길이 19.5미터, 남쪽 호안 11.7미터)의 연못이 발굴되었는데 16세기 쯤 만들어진 것 같다.

828년 대렴(大廉)이 당나라에서 차(茶) 종자를 가져오자 지리산 주위 산사(山寺)에 심게 하였다. 그리하여 다도(茶道)가 발전하면서 절에 다원(茶苑)이 생겼다. 해남 대흥사 일지암(一枝庵) 초의선사(草衣禪師)의 다원이 그러한 것 가운데 하나이다.

전남 송광사(松廣寺)나 선암사(仙巖寺)의 홍예 석교 등 계원(溪苑)의 아름다움이 속세의 진애를 정결히 씻어 주고 있다.

모든 사찰의 금당이나 강당 앞 회랑 안에는 화목을 심어 조경하지 않았다.

송광사 우화각과 임경당 절을 감싸고 흐르는 계류에 장초석을 세우고 누
를 만든 임경당과 홍예교에 세운 우화각의 모습이다. 계원(溪苑)의 아름다
움이 속세의 진애를 씻어 준다.

누원(樓苑)

　누(樓)란 기둥이 층 받침이 되어 청(廳;마루)이 높이 된 다락집을 말한다. 누의 기능은 휴식하거나 연회(宴會)나 시회(詩會)도 하고 문루나 망루, 포루(砲樓)처럼 감시하거나 조망하는 군사 시설의 기능도 했다. 누를 분류해 보면 왕궁 안에 있는 문루나 경복궁의 경회루, 창덕궁의 주합루 등이 있고 지방 관청에서 세운 남원 광한루(廣寒樓), 삼척 죽서루(竹西樓), 밀양 영남루(嶺南樓), 제천 한벽루(寒碧樓), 정읍 피향정(亭이 아니고 누의 건물임), 강릉 경포대(臺라 했지만 누의 건물임), 안동 영호루(暎湖樓), 평양 부벽루(浮碧樓), 성천 강선루(降仙樓), 강계 인풍루(仁風樓), 안변 가학루(駕鶴樓) 등이 있다. 그리고 성(城)에 소속된 누로 진주성 촉석루(矗石樓)와 진남루(鎭南樓), 공주 공산성 공북루(拱北樓), 종성 수항루(受降樓) 등이 있다. 사찰의 누로서 불국사 범영루, 선암사의 강선루(降仙樓), 선운사의 만세루(萬歲樓) 등이 있다.

　이들 누 가운데 영남루나 촉석루, 죽서루, 경포대, 영호루, 부벽루 등은 강가나 호수가의 경승지에 건립되어 자연을 조망하고 관조하는 기능을 하고 있다. 그러나 경회루, 광한루, 주합루 등은 인공적인 조원의 공간 속에 서 있다.

정자가 개인적인 기능의 건물이라면 누는 많은 사람이 한데 모여 행유하는 공공 기능의 건물이다. 누는 경관을 바라보는 기능을 주안으로 한 것이기에 누가 있는 원림은 산책하는 보도가 없어도 된다. 동양의 조원이 정적이고, 서양의 조원이 동적이라는 견해는 바로 누나 정자의 기능에서 잘 나타난다.

그러나 모든 누원이 앉아서 바라만 보게 만들어진 것은 아니다. 여기서 왕궁 안에 있는 경복궁의 경회루나 창덕궁의 주합루는 궁원 속의 일부분을 형성하고 있는 것이기에 독립된 누원이라고 별도로 구분할 필요가 없다. 그러나 왕궁 속의 누원은 왕족이나 한정된 귀족들의 사용 공간이므로 누원이 가지는 대중적이고 공공적인 기능과 차이가 있다.

옛날에는 공원이라는 개념의 조원 공간은 없었다. 그러나 누가 114쪽 위 사진 있는 공간은 개인적인 것이 아니라 공유적인 기능의 장소였던 것이다. 하륜(河崙)이 쓴 「진주 촉석루기」에 "누를 건립하는 것은 한 지방의 인심을 알 수 있고 한 시대의 사회상을 알 수 있다"라고 한 것이거나, 안동의 「영호루기」에 김종직(金宗直)이 "누는 놀기만 하는 곳도 아니며 예의를 바로하고, 인간의 심성을 순화하는 곳이다"라고 한 글에서 누의 사회적 기능을 알 수 있다.

누원(樓苑)이 있다는 것은 그 지방이 이름있는 고을이라는 것을 알리는 기념물이 되기도 했다.

인공 조원 공간에 서 있는 대표적 누원인 남원 광한루는 15세기 114쪽 아래 사진 에 조성되었다. 광한루는 정면 5칸, 측면 4칸, 팔작지붕의 2익공 다락집인데 현재 건물은 1638년 중건한 건물이다. 이 누를 중심으로 누 앞에 2,000여 평의 연지(蓮池)를 파고 연못 속에 봉래도, 방장도, 영주도의 삼신도를 조성하였다. 기록에 보면 섬에는 배롱나무와 대나무를 심었고 방장도에는 정자를 세웠었다.

누원 누(樓)가 있는 공간은 개인적인 것이 아니라 고유한 기능의 장소였다. 하륜의 「진주 촉석루기」에서는 "누를 건립하는 것은 한 지방 인심을 알 수 있고 한 시대의 사회상을 알 수 있다"라고 하였다. 위는 진주 촉석루 전경이고 아래는 인공 조원 공간에 서 있는 대표적 누원인 남원 광한루이다. 뒷면의 사진은 수원성의 용연과 방화수류정으로 누원처럼 조용한 경관을 조성하고 있어 성의 원림으로 중요한 곳이다.

1584년 연못을 가로질러 오작교를 설치하였다. 오작교는 4개의 홍예로 구성되었는데 길이가 58미터, 폭 2.4미터의 석교이다. 이 연못의 물은 요천의 맑은 계류를 끌어 넣게 되어 있다. 광한루란 정인지(鄭麟趾)가 붙인 이름인데, 달 속에 선녀가 사는 월궁(月宮)의 이름인 '광한전'에서 따온 이름이다. 오작교(烏鵲橋)란 견우와 직녀가 칠월 칠석날 은하수에서 만날 때 건너는 다리 이름이다. 그러기에 이 연못은 하늘나라 은하수를 상징하고 못 속에는 신선이 산다는 삼신산(三神山)이 있어 월궁 속의 광한루와 함께 하나의 선경(仙景)을 상징한 것이다.

우리나라에 삼신도를 연못 속에 처음 만든 것은 백제 무왕이 부여 궁남지 속에 방장도를 조성한 때이다. 그 뒤로 신라의 동궁 원지인 안압지에 조성되었고, 그러한 조원 기법이 광한루 연못 속의 삼신도에까지 계승된 것이다. 연못가에는 느티나무, 소나무, 대나무, 왕버들 등 수림이 울창하다.

이 광한루 원은 선녀가 사는 월궁이며 견우와 직녀가 해후하는 사랑의 장소로 상징되는 곳이기에 조선 후기 「춘향전」의 소설 현장이 되기도 했다.

수원성의 기묘한 건축물인 방화수류정 북쪽 용연(龍淵)도 하나의 116쪽 사진 누원처럼 조용한 경관을 조성하고 있어 성의 원림으로 중요한 곳이다. 이 용연에는 원형 섬이 있으며 방화수류정이 서 있는 단애의 기암 절벽과 어울려 운치 있는 경관을 조성하고 있다.

성천 동명관(東明館)의 누원(樓苑)은 강선루(降仙樓), 통선루 등 무산 12봉과 비류강의 경승이 어울려 관서 팔경의 하나였다. 현재 조선시대의 건물들은 6·25 때 소실되었다.

116 누원

묘림(墓林)

중국의 「삼국지(三國志)」 '위서동이전(魏書東夷傳)'에 "고구려 무덤은 돌을 쌓아 봉분을 만들었는데 주위에 소나무, 잣나무를 심어 울창하다"라고 하였다. 이는 중국 통구(通溝) 지방에 있는 기단식 적석분(積石墳)을 말하는 것으로 주위에 송림이 우거졌던 것이다.

삼국시대 고분은 거의 풍수지리설에 구애받지 않고 조성되어 들이나 강, 산자락에 배치되어 있다. 그러나 통일신라시대가 되면 봉분에 12지신상이 조각되고 혼유석, 문무석, 능비 등이 배치되면서 풍수설의 영향을 받는다. 신라 오릉(五陵) 등 일반적으로 묘역 주위 는 모두 송림으로 묘림을 조성하고 있다.

고려 왕릉은 4단의 단을 조성하고 제일 윗단에 봉분, 곡담, 석상, 망주석이 서고 제2단에 석등과 문인석, 제3단에 무인석, 제4단에 제각과 능비가 서는 형태를 갖춘다.

조선시대 초기는 고려 능제를 따랐고, 동구릉(東九陵)의 선조릉은 왕릉과 계비릉 사이에 신도(神道)를 판석으로 조성하였으며, 개울에 석교를 놓고 능역을 잔디로 밝게 조성하였다. 15세기 여주 세종릉에 는 홍살문 밖 재실 사이에 방지(方池)를 조성하였고, 금곡의 고종황

금곡릉　홍살문 밖에 큰 연지가 조성되고 능역 주
위는 송림이 울창하다.

제릉 앞에는 중국 명나라 황제릉의 제도를 도입하여 일자 제각,
홍살문 안에는 기린, 코끼리, 사자, 해태, 낙타, 말 등의 석상이 신도
양쪽으로 배열되었다. 홍살문 밖에 원형의 큰 연지가 조성되고 능역
주위는 송림이 울창하다. 조선 왕조의 능은 풍수설의 영향으로 능이
있는 곳의 산세가 앞이 오므라든 지세로, 음택의 이론을 적용한
것이다.
　일반 민묘(民墓)는 봉분 앞에 상석, 망주석, 석인, 묘비가 배치되
고 묘 주위에는 송림을 조성하고 봉분 주위는 잔디로 밝게 처리되어
있다.

참고 문헌

「삼국사기」「삼국유사」「고려사」「고려도경」「조선왕조실록」「신증동국여지승람」「궁궐지」「동궐도」「양화소록」「택리지」「산림경제」「임원십육지」

「대성산의 고구려 유적」, 김일성종합대학, 1973.

「동명왕릉과 그 부근 고구려 유적」, 김일성종합대학, 1976.

「보길도 윤고산 유적조사보고서」, 완도군, 1987.

「불국사」, 문화재관리국, 1976.

「안압지」, 문화재관리국, 1978.

「창경궁발굴조사보고서」, 문화재관리국, 1985.

김동현, 「한국고건축단장」, 통문관, 1977.

안휘준, 「한국회화사」, 일지사, 1989.

윤국병, 「조경사」, 일조각, 1984.

윤장변, 「한국건축연구」, 동명사, 1984.

정동오, 「한국의 정원」, 민음사, 1986.

정재훈, '누원', 「홍익」 제29호, 홍익대학교, 1987.

――――, '신라 궁원지인 안압지에 대하여', 「한국조경학회지」, 1975.

――――, '조선조 별서 유적의 예-윤고산의 부용동', 「한국조경학회지」, 1973.

――――, '창덕궁 후원에 대하여', 「고고미술」 137·138, 한국미술사학회, 1978.

――――, '한국 건축에 있어서의 조원', 「궁실·민가」 한국의 미 14, 중앙일보, 1984.

――――, '한국 조경의 식수배식', 「문화재」 제12호, 문화재관리국, 1979.

――――, '소쇄원', 「문화재」 제18호, 문화재관리국, 1983.

――――, '한국 민가 조원', 「토지개발기술」 춘계호, 한국토지개발공사, 1989.

――――, '창경궁의 원', 「창경궁발굴조사보고서」, 문화재관리국, 1985.

――――, '전통 정원', 「아름다운 정원」, 환경과 조경, 1987.

주남철, 「한국건축의장」, 일지사, 1983.

최창조, 「한국의 풍수사상」, 민음사, 1984.

빛깔있는 책들 102-10

한국의 옛조경

글, 정재훈 사진 l 정재훈, 김대벽, 안장헌
초판 1쇄 발행 l 1990년 3월 15일
초판 10쇄 발행 l 2016년 5월 25일

발행인 l 김남석
발행처 l ㈜대원사
주   소 l 06342 서울시 강남구 양재대로 55길 37, 302
전   화 l (02)757-6711, 6717~9
팩시밀리 l (02)775-8043
등록번호 l 제3-191호
홈페이지 l http://www.daewonsa.co.kr

값 8,500원

ⓒ Daewonsa Publishing Co., Ltd
Printed in Korea 1990

ISBN l 89-369-0029-3 00540
         978-89-369-0000-7 (세트)

빛깔있는 책들

민속(분류번호:101)

고미술(분류번호:102)

불교 문화(분류번호:103)

음식 일반(분류번호:201)